国家出版基金项目
NATIONAL PUBLICATION FOUNDATION

中国中药资源大典

中国中药资源大典
——中药材系列
中药材生产加工适宜技术丛书
中药材产业扶贫计划

金银花生产加工适宜技术

总 主 编　黄璐琦
主　　编　陈随清
副 主 编　杨晶凡

中国健康传媒集团
中国医药科技出版社

内 容 提 要

《中药材生产加工适宜技术丛书》以全国第四次中药资源普查工作为抓手，系统整理我国中药材栽培加工的传统及特色技术，旨在科学指导、普及中药材种植及产地加工，规范中药材种植产业。本书为金银花生产加工适宜技术，包括：概述、金银花药用资源、金银花栽培技术、金银花药材质量评价、金银花现代研究与应用等内容。本书适合中药种植户及中药材生产加工企业参考使用。

图书在版编目（CIP）数据

金银花生产加工适宜技术 / 陈随清主编 . — 北京：中国医药科技出版社，2018.8

（中国中药资源大典 . 中药材系列 . 中药材生产加工适宜技术丛书）

ISBN 978-7-5214-0396-1

Ⅰ . ①金…　Ⅱ . ①陈…　Ⅲ . ①忍冬—栽培技术　②忍冬—中草药加工　Ⅳ . ① S567.7

中国版本图书馆 CIP 数据核字（2018）第 196587 号

美术编辑　陈君杞
版式设计　锋尚设计

出版　**中国健康传媒集团** | 中国医药科技出版社
地址　北京市海淀区文慧园北路甲 22 号
邮编　100082
电话　发行：010-62227427　邮购：010-62236938
网址　www.cmstp.com
规格　710 × 1000mm　1/16
印张　7 1/4
字数　64 千字
版次　2018 年 8 月第 1 版
印次　2024 年 6 月第 2 次印刷
印刷　北京盛通印刷股份有限公司
经销　全国各地新华书店
书号　ISBN 978-7-5214-0396-1
定价　35.00 元

中药材生产加工适宜技术丛书

—— 编委会 ——

本书编委会

主　　编　陈随清

副 主 编　杨晶凡

编写人员　（按姓氏笔画排序）

付宇航（河南中医药大学）
苏　迪（河南中医药大学）
李　会（河南中医药大学）
杨　灏（河南中医药大学）
杨晶凡（河南中医药大学）
陈随清（河南中医药大学）

序

我国是最早开始药用植物人工栽培的国家，中药材使用栽培历史悠久。目前，中药材生产技术较为成熟的品种有200余种。我国劳动人民在长期实践中积累了丰富的中药种植管理经验，形成了一系列实用、有特色的栽培加工方法。这些源于民间、简单实用的中药材生产加工适宜技术，被药农广泛接受。这些技术多为实践中的有效经验，经过长期实践，兼具经济性和可操作性，也带有鲜明的地方特色，是中药资源发展的宝贵财富和有力支撑。

基层中药材生产加工适宜技术也存在技术水平、操作规范、生产效果参差不齐问题，研究基础也较薄弱；受限于信息渠道相对闭塞，技术交流和推广不广泛，效率和效益也不很高。这些问题导致许多中药材生产加工技术只在较小范围内使用，不利于价值发挥，也不利于技术提升。因此，中药材生产加工适宜技术的收集、汇总工作显得更加重要，并且需要搭建沟通、传播平台，引入科研力量，结合现代科学技术手段，开展适宜技术研究论证与开发升级，在此基础上进行推广，使其优势技术得到充分的发挥与应用。

《中药材生产加工适宜技术》系列丛书正是在这样的背景下组织编撰的。该书以我院中药资源中心专家为主体，他们以中药资源动态监测信息和技术服务体系的工作为基础，编写整理了百余种常用大宗中药材的生产加工适宜技术。全书从中药材的种植、采收、加工等方面进行介绍，指导中药材生产，旨在促进中药资源的可持续发展，提高中药资源利用效率，保护生物多样性和生态环境，推进生态文明建设。

丛书的出版有利于促进中药种植技术的提升，对改善中药材的生产方式，促进中药资源产业发展，促进中药材规范化种植，提升中药材质量具有指导意义。本书适合中药栽培专业学生及基层药农阅读，也希望编写组广泛听取吸纳药农宝贵经验，不断丰富技术内容。

书将付梓，先睹为悦，谨以上言，以斯充序。

中国中医科学院 院长

中国工程院院士 张伯礼

丁酉秋于东直门

总前言

中药材是中医药事业传承和发展的物质基础，是关系国计民生的战略性资源。中药材保护和发展得到了党中央、国务院的高度重视，一系列促进中药材发展的法律规划的颁布，如《中华人民共和国中医药法》的颁布，为野生资源保护和中药材规范化种植养殖提供了法律依据；《中医药发展战略规划纲要（2016—2030年）》提出推进“中药材规范化种植养殖”战略布局；《中药材保护和发展规划（2015—2020年）》对我国中药材资源保护和中药材产业发展进行了全面部署。

中药材生产和加工是中药产业发展的“第一关”，对保证中药供给和质量安全起着最为关键的作用。影响中药材质量的问题也最为复杂，存在种源、环境因子、种植技术、加工工艺等多个环节影响，是我国中医药管理的重点和难点。多数中药材规模化种植历史不超过30年，所积累的生产经验和研究资料严重不足。中药材科学种植还需要大量的研究和长期的实践。

中药材质量上存在特殊性，不能单纯考虑产量问题，不能简单复制农业经验。中药材生产必须强调道地药材，需要优良的品种遗传，特定的生态环境条件和适宜的栽培加工技术。为了推动中药材生产现代化，我与我的团队承担了农业部现代农业产业技术体系“中药材产业技术体系”建设任务。结合国家中医药管理局建立的全国中药资源动态监测体系，致力于收集、整理中药材生产加工适宜技术。这些适宜技术限于信息沟通渠道闭塞，并未能得到很好的推广和应用。

本丛书在第四次全国中药资源普查试点工作的基础下，历时三年，从药用资源分布、栽培技术、特色适宜技术、药材质量、现代应用与研究五个方面系统收集、整理了近百个品种全国范围内二十年来的生产加工适宜技术。这些适宜技术多源于基层，简单实用、被老百姓广泛接受，且经过长期实践、能够充分利用土地或其他资源。一些适宜技术尤其适用于经济欠发达的偏远地区和生态脆弱区的中药材栽培，这些地方农民收入来源较少，适宜技术推广有助于该地区实现精准扶贫。一些适宜技术提供了中药材生产的机械化解决方案，或者解决珍稀濒危资源繁育问题，为中药资源绿色可持续发展提供技术支持。

本套丛书以品种分册，参与编写的作者均为第四次全国中药资源普查中各省中药原料质量监测和技术服务中心的主任或一线专家、具有丰富种植经验的中药农业专家。在编写过程中，专家们查阅大量文献资料结合普查及自身经验，几经会议讨论，数易其稿。书稿完成后，我们又组织药用植物专家、农学家对书中所涉及植物分类检索表、农业病虫害及用药等内容进行审核确定，最终形成《中药材生产加工适宜技术》系列丛书。

在此，感谢各承担单位和审稿专家严谨、认真的工作，使得本套丛书最终付梓。希望本套丛书的出版，能对正在进行中药农业生产的地区及从业人员，有一些切实的参考价值；对规范和建立统一的中药材种植、采收、加工及检验的质量标准有一点实际的推动。

2017年11月24日

前 言

金银花是一味拥有悠久历史的常用大宗药材，具有清热解毒、疏散风热之功效。现代药理学研究表明，金银花有抗病毒、抗菌的作用。由于药效稳定、抗菌性强，在“非典”、禽流感及全球流行的甲型流感期间，在临床应用上发挥了重要作用，金银花越来越受到医药工作者的关注。目前，金银花已广泛应用到医药、保健品、花卉、化妆品、香料和饲料等行业。近年来关于金银花的研究报道逐渐增多，内容涉及各个方面，如金银花化学成分的分离鉴定、药理作用、栽培及采收加工技术、生物技术的研究及经济价值的研究等。

为了使广大读者对金银花这一药用资源有个系统、全面的了解与认识，作者在编写本书过程中参考了国内外研究者编写的有关金银花的书籍及文献资料，从金银花的植物学特征、生物学特性、地理分布、栽培技术、药材质量等方面对金银花进行了详细的介绍。本书共五章，分别是概述、金银花药用资源、金银花栽培技术、金银花药材质量评价、金银花现代研究与应用。

本书可作为直接从事金银花生产、加工的生产者、经营者的参考书，同时亦可供从事金银花生产和资源开发利用的专业技术人员参考。

由于编者水平有限，书中存在的疏漏与不足之处，恳请读者、专家提出宝贵意见。

编者

2018年6月

目　录

第1章

概　述

金银花为忍冬科植物忍冬（*Lonicera japonica* Thunb.）的干燥花蕾或带初开的花。味甘，性寒，具清热解毒、疏散风热之功效。现代药理学研究表明其具有抗病原微生物、解热、抗炎、保肝、止血、抗氧化、免疫调节、降脂、降糖及抗肿瘤等作用。实际临床应用范围广泛，主要用于治疗上呼吸道感染、流感、支气管肺部感染之发热、流行性脑脊髓膜炎等，从常见的内科、外科、皮肤科等疾病，到心血管疾病、中毒急救，甚至抗肿瘤、抗艾滋病等，都有金银花的应用，被人们誉为“中药抗生素”。随着用途越来越广，金银花已经由单一的中草药逐步向饮料、保健品、牙膏和化妆品等日用化工产品方面发展。

随着医药事业的蓬勃发展及人民生活水平的不断提高，人们健康保健意识越来越强烈。金银花已被国家确定为35种重点发展的名贵中药材之一，自2002年列入原卫生部公布的《既是食品又是药品的物品名单》。金银花的市场需求日益增长，但各产区的种植规模一直保持平稳状态。金银花是多年生藤本植物，一年栽种，受益几十年，种植简单，易栽易活易管理，种植在山坡荒岭、路旁地堰，不仅可获得可观的经济收入，而且还能保持水土，绿化环境，是生态林和经济林兼用树种。大力推动金银花标准化生产是拉动地方经济的重要途径。我国金银花主产于山东、河南和河北三个省。传统上以河南新密、封丘，山东平邑、费县为道地产区。河北金银花主产于巨鹿，栽培历史仅30多年，但发展势头迅猛。此外，在湖南、广西、四川、贵州、云南、重庆等地都有种植。只有将中药材的种植规范化，使药材栽培中的良种选育、栽培技术、采收与加工、贮藏与运输等生产中的各个环节规范化，种植出质量可靠、农药残留量及重金属含量等指标在允许范围内的优质中药材，才能提高我国中药材在国际药材市场上的地位和竞争力。

第2章

金银花药用资源

一、形态特征与分类检索

金银花（Lonicerae japonicae flos）为忍冬科植物忍冬*Lonicera japonica* Thunb.的干燥花蕾或待初开的花。忍冬为多年生半常绿木质藤本；茎中空，多分枝，幼枝呈红褐色，密被黄褐色开展的硬直糙毛、腺毛和短柔毛，枝下部常无毛。叶对生，叶柄长4～8mm，密被短柔毛，叶纸质，叶片卵形、长圆状卵形或者卵状披针形，稀圆卵形或倒卵形，长3～8cm，宽1～5.5cm，先端短尖、渐尖或钝圆，基部圆形或近心形，全缘，两面和边缘均被短柔毛。上面深绿色，下面淡绿色，小枝上部叶通常两面均密被短糙毛，下部叶常平滑无毛而下面带青灰色。花成对腋生，花梗密被短柔毛和腺毛；总花梗通常单生于小枝上部叶腋，与叶柄等长或稍短，生于下部者长2～4cm，密被短柔毛和腺毛；苞片2枚，叶状，广卵形或椭圆形，长约3.5cm，被毛或近无毛；小苞片长约1mm，被短毛及腺毛；花萼短小，萼筒长约2mm，无毛，5齿裂，裂片卵状三角形或长三角形，先端尖，外面和边缘密被毛；花冠唇形，长3～5cm，上唇4浅裂，花冠筒细长，外面被短毛和腺毛，上唇4裂片先端钝形，下唇带状而反曲，花初开时为白色，2～3天后变为金黄色，雄蕊5，着生于花冠内面筒口附近，伸出花冠外；雄蕊1，子房下位，花柱细长，伸出。浆果球形，直径6～7cm，成熟时蓝黑色，有光泽；种子卵圆形或椭圆形，褐色，长约3mm，中部有一凸起的脊，两侧有浅的横沟纹。花期4～7月，果期6～11月（图2-1～图2-3）。

图2-1　忍冬植株

图2-2　忍冬花

图2-3　忍冬果实

忍冬最明显的特征是有大型的叶状苞片，而且形态变异非常大，包括枝、叶的被毛、叶的形状、花冠的长度等方面，都有很大变化。而这些变化与生态环境有很大关系。忍冬有下列变种和栽培变种：①红金银花茎及嫩叶带紫红色，叶近光滑，背脉稍有毛；花冠外面淡紫红色，上唇的分裂大于1/2。②紫脉金银花叶近光滑，叶脉常带紫色，叶基部有时有裂；花冠白色或带淡紫色，上唇的分裂约为1/3。③黄脉金银花叶较小，叶脉黄色。④紫叶金银花叶紫色。⑤斑叶金银花叶有黄斑。⑥四季金银花晚春至秋末开花不断。

分类检索表

1　生于总花梗顶端，花序下的1～2对叶基部不连生成盘状。

2　叶背面被毡毛。

3 叶背面只被一种毛组成的毡毛。

4 叶背面密被极短糙毛组成的灰白色毡毛，网脉突起呈明显的蜂窝状小格纹……………………………………………………………灰毡毛忍冬

4 叶背面密被长柔毛组成的毡毛，网脉不明显突起。

5 叶片先端急尖或渐尖。叶背面被纲柔毛组成的灰白色或灰黄色的薄毡毛，中脉及侧脉毡毛无或有极疏毛……………………………细毡毛忍冬

5 叶片先端钝而具凸尖。叶背面被密短柔毛组成的黄绿色或灰白色的厚毡毛；并夹有长柔毛，中脉及侧脉上毛尤多………………………峨眉忍冬

3 叶背面被长与短两种糙毛组成的黄褐色毡毛…………………………异毛忍冬

2 叶背面不被毡毛。

6 叶背面密被无柄或极短柄的橘黄色至红色蘑菇状腺，腺顶端呈扁平状……………………………………………………………红腺忍冬

6 叶背面不被蘑菇状扁平的腺。

7 叶纸质，苞片大，叶片卵状长达3cm；幼枝暗红褐色，密被开展的直糙毛和长腺毛……………………………………………………忍冬

7 叶革质，苞片小，菲叶状，如为叶状则总花梗极短。

8 茎为缠绕藤本。

9 叶柄及总花梗较长，叶基部楠圆形。

10　幼枝、叶柄和总花梗均被开展的黄褐色长刚毛和腺毛，叶表面中脉疏被长与短糙伏毛，叶缘至少有2行小刚睫毛……………………………………………………………云雾忍冬

10　幼枝、叶柄常被卷曲的淡黄色糙伏毛或完全无毛，至少叶表面中有密的小糙伏毛直达叶尖 ……………………淡红忍冬

9　叶柄和总花梗均极短、叶基部浅心形。叶两面仅中脉有短糙毛，叶缘无毛；花冠管外面密被紧贴倒生白色短糙毛…………………………短柄忍冬

8　茎为匍垫状灌木，叶先端钝至圆形，有时具小凸尖或微凹缺，叶表面中脉及叶缘有糙毛……………………………………………………………匍匐忍冬

1　花单生，每3～6朵组成一轮，生于小枝顶端，有一至数轮，花序下的1～2对叶片基部合生成盘状。

11　叶被毛，花冠为二唇形。花冠黄色至枯黄色，长5～9cm，上部外面略带红色，外面无毛，叶被粉绿色，被小糙毛或至少中脉下部两侧脉上密生横出臀毛状小髓毛 ……………………………………盘叶忍冬

11　叶不被毛，花冠不为二唇形。花冠内外两面均呈黄色，长2.5～3cm，外面疏生长糙毛和腺，总花梗、叶柄及叶均光滑无毛 ………川黔忍冬

二、生物学特征

（一）生长发育习性

金银花属温带及亚热带树种，适应性强，生长快，寿命长，其生理特点是更新性强，老枝衰退新枝很快形成。金银花根系极发达，细根很多，生根能力强。喜温和湿润气候、喜阳光充足，耐寒、耐旱、耐涝、耐瘠薄、耐盐碱。在自然条件下，多生长于海拔500～1800m的山谷、丘陵、林边、路旁、山坡灌丛或疏林中，亦能在山地棕壤、砂壤、壤土、黏土和石碴土、pH 5.5～7.8的土壤中生长。适宜生长的温度是20～30℃，一般气温不低于5℃均可发芽，高于16℃新梢生长加快，20℃左右花蕾生长发育迅速，40℃以上只要有一定的湿度也可存活，在-10℃条件下，叶子不落，在-20℃条件下能安全越冬，因其能抗-30℃的低温，故名忍冬。

1. 金银花植株的生长习性

当平均气温达到4℃以上时，金银花开始萌芽，此后随温度回升，光合有效辐射（PAR）及日照时数的增加，新梢进入旺长和花芽分化。进入5月中旬，日平均气温达22.98℃、日照时数6.94小时进入第一茬花期。此后经历近4个月的花期。至9月中旬以后，由于气温降低，不再抽新梢及形成花芽。12月初随着气温降低至0℃以下，开始进入越冬期，直至翌年2月中旬重新萌发新枝，进入下一个生长季。

2. 金银花根的生长习性

金银花根系发达，细根多，生根力强。主要根系分布在10～25cm深的表土层，须根则多在5～40cm的表土层中生长。根以4月上旬至8月下旬生长最快。根木质绳状，粗长，老根近黄褐色，幼根颜色较淡，呈乳白色或乳黄色，根毛密集，网状，近根尖端较多。根从地表至土层越长越深，且与植株生长年限有关。金银花在营养生长阶段，单株根数、根长、根粗都与植株生长发育时间长短有关。营养生长期生长时间愈长，则根愈长愈粗。

3. 金银花茎的生长习性

金银花的茎在自然状态下可生长到2～4m，藤左缠。嫩枝绿色，中空，密被柔毛；木质化枝条淡红褐色或灰褐色，柔毛退尽，无毛多年生老枝灰褐色，随着枝条木化程度提高，枝条髓腔逐渐变小，最后接近消失。主干直立性较强，生长旺盛、分枝多、角度较开张，树冠上部的枝条有轻度的缠绕性和一定的自剪性。

4. 金银花花的生长习性

（1）花芽分化　根据金银花一年中发新枝的时间，可把金银花新枝分为4级，每级花芽分化对应1次花期，花芽分化适宜温度为15℃。以新生枝开始萌发作为忍冬花芽分化起始时间，通过徐迎春等研究，结果表明一级分枝，以长、中枝的比例大，有花的结位较多（长枝＞10节、中枝6～9节），因此花蕾的数量高于后几茬花。其后三茬花枝以短枝、顶花短枝为主，有花的节位少

（短枝3～5节、顶花短枝2～4节），花蕾数量低。其后的几茬花枝均为次一级分枝（表2-1）。

表2-1　不同分枝及花芽分化特点

项目	一级花枝	二级花枝	三级花枝	四级花枝
花期	春花期	夏初花期	夏末花期	秋花期
花芽分化历时（天）	84	39	37	37
长枝比例（%）	45	11	6	8
中枝比例（%）	16	26	20	23
短枝比例（%）	15	28	32	37
顶花短枝比例（%）	14	35	42	32

（2）金银花的开花习性　忍冬只在当季抽生的新枝上成花，根据忍冬的生长发育特点将一年中花的开花时间分为4个时期：第一茬花期（春花期）、第二茬花期（夏初花期）、第三茬花期（夏末花期）、第四茬花期（秋花期）。每茬花期对应1级分枝。各茬花期可分为萌芽期、现蕾期、三青期、幼果期、果实成熟期5个时期。

金银花从孕蕾到开放需5～8天，大致可分为幼蕾（绿色小花蕾，长约1cm）→三青（绿色花蕾，长2.2～3.4cm）→二白（淡绿白色花蕾，长3～3.9cm）→大白（白色花蕾，长3.8～4.6cm）→银花（刚开放的白色花，长4.2～4.7cm）→金花（花瓣变黄色，长4～4.5cm）→凋花（棕黄色）7个阶段（表2-2）。

表2-2　各茬花期的开花习性与物候时间（月/日）

项目	萌芽期	现蕾期	三青期	二白期	大白期	银花期	金花期	凋花期	幼果期	果实成熟期
一茬花	2/3	4/7	4/30	5/2	5/4	5/5	5/6	5/8	6/27	9月下旬
二茬花	5/18	6/13	6/27	6/29	7/1	7/2	7/3	7/5	7/15	10月中旬
三茬花	6/25	7/9	7/20	7/22	7/24	7/25	7/26	7/27	8/9	11月中旬
四茬花	8/2	8/15	8/24	8/26	8/28	8/29	8/30	8/31	10/20	不能成熟

不同花期其产量和质量具有较大的差别。据研究，忍冬第一茬花的产量最高，约占全年产量的56.94%，以后各茬花的产量逐渐降低，第二茬花产量占总产量的28.12%，约为一茬花产量的1/2，三、四茬花产量显著降低，仅分布为总产量的8.39%和6.51%。各茬花期的花蕾质量也存在显著差异，第一茬花的绿原酸含量最高，第二和第三茬花差别不明显，第四茬花最低。以蕾重计，千蕾重以第四茬花的较低，但不是一年内最低的，比第二、三茬花还要高（表2-3）。

表2-3　金银花不同花期的产量与质量

项目	一茬花	二茬花	三茬花	四茬花
单株产量（g）	495.62	245.29	73.03	56.66
占单株产量（%）	56.94	28.12	8.39	6.15
千蕾重（g）	17.15	12.40	13.60	13.85
绿原酸（%）	6.59	6.78	5.26	5.81

（二）变异类型

任意一种栽培植物的改良和育种，都需要该植物具有丰富的变异性，变异性越广泛越丰富，培育出新品种的可能性越大。忍冬具有丰富的多样性。金银花商品主要来源于栽培品种，以河南的“南银花”或“密银花”和山东的“东银花”或“济银花”产量最高，品质也最佳。忍冬有着悠久的栽培历史，因受自然环境和生产措施的影响，经有性杂交与枝芽变异，形成了很多地方品种。目前还有各地开发新的欧式种质资源及通过审定的优良品种。据初步统计忍冬栽培品种有近20个农家品种，基本上可以分为3大品系，即毛花系、鸡爪花系和野生银花系。其中，大毛花与鸡爪花的产量高、质量好，为种植的优良品种，也是主产地栽培面积最大的两个品种。近些年，各产区培育出九丰一号、亚特金银花等新品种。野生品种来自华南、华中和西南各省、自治区。主要品种有：大麻叶、小麻叶、红裤腿、犍牛儿腿（火柴头）、红梗子、紫茎子、米花子（圆叶）、叶里齐（叶里藏）、对花子、长线花、毛花、青毛花、鹅翎筒等品种。野生银花，植株枝条粗壮稀疏，茎紫红色，多匍匐地面或依附他物缠绕，药材产量低。

1. 大毛花

大毛花幼枝绿色，节间短，属直立型。墩形矮大松散，生长旺盛，枝条深绿至黄绿色粗壮密丛生，中部以上或自中下部缠绕或极度缠绕，密被柔毛，叶片肥大、薄、革质，叶卵形至矩圆状卵形，叶片被毛多而密，叶上密被黄褐色柔毛，叶脉5对。萌发的枝条多为花枝，徒长枝较少，一般从枝条基端的第三、四节上开始着生花蕾，一般花枝顶端不生花蕾，花疏生叶腋，枝条平均开花节位6～9节，中原地区一般5月14日前后开花，晚于鸡爪花。花蕾细长，中上部弯曲，其上密被淡黄色柔毛和腺毛，花针颜色白中稍黄，花针顶端弯曲，上部空泡。苞片卵形至狭卵形，密被毛。直立性强，耐修剪，具有多次开花的习性，丰产，在大田栽培可长成“银花树”。年产4次花，也叫“四季银花”。采时易从花针基部断裂。根系发达，抗旱耐贫瘠，抗病虫性较差，适于山岭薄地栽培，是金银花主产区山东平邑、河南封丘、河北巨鹿的主要栽培品种。

2. 小毛花

花墩中型，无明显主干，枝条密丛生或蔓生，上部略缠绕。叶深绿色至绿色，叶片卵形或卵状长方形，茸毛较少，花蕾着生于叶腋，只着生在枝条的上部，长度比大毛花小。大白、二白和三青期明显可分，有二茬花，苞片卵形。该品种是山东金银花产区的主要种质资源之一。

3. 鸡爪花

鸡爪花系主要品种有：大鸡爪花和小鸡爪花。大鸡爪花墩形高桩紧凑，枝条少而松散，长短不一，斜升略直立，先端稍有缠绕，密被毛，有效枝多。叶绿，略革质而厚，被毛；叶片椭圆形或长椭圆形，基部略心形。花蕾集中枝端，形如鸡爪，便于采摘，花蕾较平直，三青期、二白期、大白期三期分明，大白期上部略膨大，被毛。苞片狭卵形。丰产性能好，适于密植。小鸡爪花墩中型，长势弱，主干明显，植株枝条黄绿色细弱成簇，不缠绕，被毛叶片黄绿密而小，略革质，宽披针形或卵状披针形，疏被毛。蕾集生于茎顶，大白期、二白期、三青期三期分明，上端于2/3处内弯，结花早。形似倒鸡爪，花蕾质实，苞片狭卵形。每年有多茬花。鸡爪花系品种抗病虫性能强。适于平原、丘陵密植栽培，也可地堰栽植，是山东平邑产区较老的栽培品种。

4. 九丰一号

为筛选山东平邑主栽农家品种大毛花的优良单株，应用植物多倍体育种技术，选育成功的4倍体金银花品种。九丰一号枝粗壮、直立性强。节间长4.61cm，结花枝数多，二年生植株几乎无徒长枝，花封顶。该品种叶色深绿，心形叶，叶片平均长5.97cm、宽4.50cm、厚0.172cm，其幼茎、叶面及叶柄均密被长而粗硬的茸毛，抗蚜性强，可大幅度减少栽培过程的农药使用量。大白期测量其花蕾平均长4.91cm；花蕾基部直径0.25cm、顶部直径0.63cm，分别比大毛花提高9.6%、31.0%；花瓣厚度0.032cm。具有多倍体植物器官巨大型特征，主要表现为花蕾肥大、其花器性状的巨型性使该品种的千蕾重极高，千蕾鲜重241.0g，千蕾干重31.3g，分别比大毛花增加119.6%和79.3%。研究可知，与其亲本比较，一年生植株开花量增加12.6%，栽植的第二年即可获得较高的产量。绿原酸含量达2.6%，比大毛花提高30.0%。该品种可采用扦插育苗及分株繁殖等无性繁殖方式。其抗逆性强，适应性广，抗干旱，较耐涝，抗病虫害，采收工效高。既适于山区丘陵栽植，又适宜在土质肥沃的平原地块发展。

5. 金丰一号

1998年由河南封丘农科中心独家选育繁殖成功，并于2000年面向全国推广。该品种枝条上冲且较为粗壮，枝条基部直径0.35～0.45cm，枝条长度为45～68cm，节间长4.2～8.1cm，密被柔毛。叶片肥大呈卵圆形，叶片长5.9～7.8cm、宽3.8～5.2cm、厚0.033cm，叶柄长0.77cm，叶片密被黄褐色柔毛。春天树上顶端所萌发出的多为花枝，下部靠近地面的赘芽多成徒长枝，春天树顶端萌发的枝条，从基端第4节以上开始着生花蕾，花枝平均开花8～12个节位，最多可达16～18个节位。中原地区（河南封丘）5月12日前后开花，大白期花针平均长4.9cm、宽0.46cm，其上密被淡黄色柔毛和腺毛。鲜花千针重143.9g，干花千针重19.1g，折干率18.1%，平均单株产干花208.6g，丰产性好。头茬花与二茬花的产量比是4：3，分别占总产量的40%和30%；三茬花占总产的15%。抗病虫性好。该品种根系发达，抗旱耐贫瘠，适于山岭薄地栽培。根系可深入地下1.5～2m，最深达2～3m，根幅2～3m，最多可达3～4m，水平分布大于垂直分布；枝条松软且有韧性，生长快，徒长枝年生长量5～6m；花蕾由叶腋成对双出，花蕾典雅美观，开花期长；花朵清香扑鼻，沁人心脾。该品种不但具有一年内可多次开花的独特生理特性，而且开花多，花的产量高，绿原酸的含量极高（5.8%～6.8%），单产值高。该品种无论是在山区、平原、堤坝、坡地，还是在房前屋后、沟渠路旁、林果间隙，都能生长旺盛，花繁叶茂。目前，国内除了西藏、台湾、香港、澳门以外，其余30个省、自治区、直辖市均有面积不等的引种和示范性种植。

6. 蒙花一号

该品种生长旺盛，枝条长而粗壮，易拖秧。枝蔓大部分斜向水平生长，墩形矮大松散，花枝顶端不生花蕾，节间长3.5～11.5cm。叶片肥大，椭圆，叶钝，深绿色，平均单叶面积8.62cm^2。全身密被长毛。花蕾呈棒状，上粗下细，略弯曲，上部直径平均0.35cm，下部直径平均0.16cm，绿白色或黄白色。平均花针长4.8cm，鲜花千针重132.1g。花蕾集中着生于母枝中下端，花蕾含苞期长，初花期中原地区一般在5月15日前后，盛花期5月20日前后，终花期5月30日前后，丰产园每亩产干花180kg左右。根系发达，骨干根粗壮，毛细根多，根系深入地下可达2m，根幅3m，水平根长达4m。该品种抗寒、抗旱、耐瘠薄，适宜于山岭薄地、河坝沙滩等地栽培，是保持水土、改良土壤、调节气候、防风固沙的优良品种之一。全国各地均可栽植。

7. 蒙花二号

该品种墩形高桩紧凑，有效枝多，枝条短粗直立。叶长卵形、头部稍尖、棕绿色，平均单叶面积6.89cm^2。叶脉及叶缘处被有稀短毛。节间长2.5～7cm。花枝丛生于母枝上端，花蕾集中直至花枝顶端，犹如鸡爪状，便于采摘。花蕾呈棒状，上粗下细，略弯曲，绿白色或黄白色，花多而含苞期长。平均花针长4.2cm，鲜花千针重117g。上部直径平均0.3cm，下部直径平均0.15cm。比蒙花一号现蕾早2～3天。开花期中原地区一般在5月13日前后，盛花期8～10天完成。花蕾含苞期长，大针蕾多，质量上等，丰产性能好，每亩产干花200kg左右。该品种最适宜制作盆景，平邑选送的金银花盆景曾荣获山东省盆景展二等奖。根系发达，主根少，毛细根密如蛛网。主根深入地下可达1m，根幅1.5m，最长水平根可达2.5m。抗旱耐涝、抗寒耐高温，可以改良土壤、防止土壤板结。墩形小，喜肥水，适于地边、果林间和密植园栽培。成花早，在苗圃中即可见花。

8. 蒙花三号

该品种秆性较强，易培养成高秆型，所以也叫高秆金银花。为便于采摘，可控制主干高度在1.3m，冠幅1.5m左右；枝条节间短粗壮，发枝多，

1枝条向前延伸的同时，后部腋芽易发枝。成熟枝为紫绿色，有糙毛，节间长6～9cm。叶卵形，有糙毛，叶片4.0cm×2.4cm。花针长4.3～5.1cm，花多且含苞期长，易采摘。由于易发多次枝，花期可延续到10月，产量高。易在较肥沃的大田单株栽植，也可以在梯田地堰栽植。

9. 中金一号

单株栽培，主干直立；枝条线段缠绕，密被毛。叶绿色，质厚；叶片卵形、狭卵形或椭圆形，疏被毛。花集中于茎顶；花蕾长而直立，大白期中部以上略空泡，被毛；苞片狭卵形，密被毛；每年开五茬花。山东费县大面积种植，各地苗圃有种，冠以不同的名称。

10. 亚特金银花

由山东产区选育，包括4个金银花品种，分别是亚特、亚特红、亚特立本、亚特青蕾。亚特金银花适应性强，对光的要求并非十分严格，喜光但也稍耐半阴的环境，对土、肥要求不是很严格，而且耐寒、耐旱、耐涝、耐湿温，我国南北各地均能种植。

（1）亚特　为常绿小灌木，四季不落叶，直立多分枝，长枝上部有不明显缠绕。花期长，从5月开花至11月，果熟期11月下旬。二年生平均每亩产干花80kg，花中绿原酸含量为4.5%～6.3%、木犀草苷含量0.16%～0.25%，叶片绿原酸含量3.0%～3.5%、木犀草苷含量0.5%～0.85%。抗逆性强，耐旱、耐涝、耐寒热、耐土壤瘠薄，抗病性强，易繁殖，根系发达，有非常高的药用价值及经济价值，产量是普通金银花品种3倍以上。

（2）亚特红　为常绿藤本，花冠表面暗褐紫色或灰紫色，花期4～6月，有较高的园林观赏价值。二年生每亩产干花60kg，花中绿原酸含量为5.2%～6.8%、木犀草苷含量0.18%～0.26%，叶片绿原酸含量3.2%～4.0%、木犀草苷含量0.6%～0.9%。耐旱、耐土壤瘠薄，抗病性强，根系发达，花开后有非常优雅的浓香气，是普通金银花花香的10倍，而花的香气能杀菌消炎，有非常好的生态效益，是高档保健茶、园林绿化的极品。

（3）亚特立　本植株直立性好，长枝无明显缠绕，分枝多、生长速度快，花蕾密集，每团花20～40朵聚合，易采摘。有较高的园林观赏价值。二年生每亩产干花100kg，花蕾绿原酸含量为5.8%。抗病性强，耐瘠薄，易繁殖。

（4）亚特青蕾　为半常绿小灌木，直立性好，生长速度快，茎叶繁茂。花蕾大，坐花率高，双花20～50朵，色泽艳丽，从抽枝萌蕾到采摘均为含苞未放的花蕾，可保持20天左右不凋谢，能一次性采收，花期5～6月。二年生每亩产干花100kg，绿原酸含量为5.6%。抗病性强，易繁殖。抗寒性较差。

11. 巨花一号

巨花一号是河北巨鹿金银花一号的简称，栽培有30多年的历史。是从河北省巨鹿县金银花群体中选育出的丰产金银花品种。该品种叶色深绿，叶片大、肥厚，叶毛多而长，有利于形成较大的光合作用面积和较高的光合效率，增加光合产物与干物质的积累。茎枝粗壮，节间短，徒长枝少，直立性强，利于修剪成合理的树形结构。幼枝绿色，一年生枝呈紫褐色，多年生枝为灰白色。枝叶密被茸毛，具有较强的抗蚜性和抗螨性。花蕾成对腋生，花冠呈管状，外被短茸毛，花大、花蕾长5cm左右，弯曲，结蕾整齐；花枝顶部花蕾呈菊花状，易采摘，有清香味。具有多次抽梢、多次开花的习性，一条花枝一般开花6～8簇，最多达14簇。一年开四茬花，第一茬花花期集中，质量也最优，产量占全年产量的40%以上。一般定植后当年见花，第三年植株产干花蕾0.4kg，第四年进入盛产期，一般每亩产干花蕾150～200kg，最高可达300kg，比对照品种鸡爪花和猫爪花产量高出1倍多。该品种具有生长旺盛、抗逆性强和抗病能力强等待点，并且耐瘠薄，耐干旱，对土壤和水分要求不严，适应在壤土、砂土、黏土和盐碱土及酸性土壤中均能生长，在砂土地上不易染病、表现良好。花蕾绿原酸含量超过4%，木犀草苷含量超过0.1%。该品种适应性很强、荒地、坡地、沟地、河边、地边、房前屋后等均可栽植。

12. 细毛针

花墩中大，黄绿色，无明显主干；枝条丛生，先端缠绕，被毛。叶绿色或黄绿色，质薄；叶片椭圆形、卵状椭圆形、卵形或宽披针形，疏被毛。花集中在茎顶，形似倒鸡爪；花蕾筒部细管状，密被毛；二白期中上部微弯，大白期变泡。苞片披针形或卵形。该品种是山东金银花产区的主要种质资源之一。

13. 麻针

花墩大型，下部近直立；枝条斜丛生，先端缠绕，被毛。叶绿色，质略厚；叶片椭圆形或椭圆状卵形，被毛。花集中于茎顶，形似倒鸡爪；三青期和二白期花蕾细长直立，大白期先端变泡。苞片卵形。二茬花较多，属于优良品种，是山东金银花产区的主要种质资源之一。

14. 大麻叶1

花墩大，无明显主干；枝条粗壮丛生，长短不一，上端略缠绕，疏被毛。叶深绿色，质厚，叶片卵形、长椭圆状卵形至狭卵形，疏被毛。花集中于茎顶，花蕾细长，于1/3处弯折，大白期上部变泡。苞片狭卵形和卵状椭圆形。属优良品种，二茬花多，高产，是山东金银花产区的主要种质资源之一。

15. 大麻叶2

花墩大而松散，主干不明显；枝条斜蔓生，长短不一，上部缠绕，被毛。叶绿色，质较薄，叶片椭圆形或长椭圆形，基部微凹，疏被毛。花集中于茎顶，花蕾中部微弯。曾是山东金银花产区的种质资源之一，因二茬花少产量低，属于淘汰品种。

16. 红梗子

花墩大，枝条粗壮而长，蔓生，嫩枝有红筋，被毛。叶绿质厚；叶片椭圆形、卵形或卵状椭圆形，基部楔形，密被毛。花蕾细长，生于枝条中部以上叶腋，二白期两对花蕾由两侧向茎上方集中，大白期上端膨大，向外膨出。苞片狭卵形。无二茬花。该品种曾是山东金银花产区的种质资源之一，因产量低，属淘汰品种。

17. 红裤腿

花墩矮小、瘦弱，生长缓慢，主干明显；枝条短，不缠绕，密被毛。叶绿色或黄绿色，质厚叶片小，狭卵形或披针形，背面毛密集。花集中在茎顶，三青期至大白期，花蕾中部以下淡红色。苞片披针形。该品种曾是山东金银花产区的种质资源之一，不抗蚜虫，属于淘汰品种。

18. 毛花

成墩，全株黄绿。枝条短，斜升，上部缠绕，毛密。叶片长卵形、卵状椭圆形至狭长椭圆形，质厚，毛浓密，手感绵软。花蕾粗短，三青期先端微膨大，二白期至大白期中部以上显著膨大，密被毛。苞片卵形，毛密。二茬花少。该品种产于河南省新密市尖山乡、牛店镇，是河南产区主要的种质资源之一。

19. 线花

成墩，全株黄绿。枝条细短，斜升。叶片长椭圆形至披针形，革质而厚，疏被毛。花蕾细长线形，三青期上端球状膨大，二白期至大白期，上部约1/3显著膨大，毛较疏。苞片狭披针形，被毛。有三四茬花。产于河南省新密市尖山乡、牛店镇，是河南产区主要的种质资源之一。

（三）对环境条件的要求

金银花适应性强，对土壤要求不严格，能耐旱，正常生长在海拔1500m以下的丘陵、山谷、林边、路旁、山坡灌丛或疏林中；亦能在山地棕壤或黄棕壤、砂壤土、壤土、黏土和石碴土中生长。但金银花的生长发育及产量与温度、湿度、土壤、光照等因素有显著的相关性。因此，栽培金银花时应全面考察以下各因素。

1. 温度

金银花是喜温耐寒的中药品种，生态适应性较强。生长的最适温度为20～30℃。日平均气温3℃以下处于休眠状态，生长极缓慢，5℃以上开始萌芽、抽出新枝，16℃以上新梢生长迅速并开始孕育花蕾，20℃左右花蕾生长，38℃以上时对其生长有一定影响。在-17℃的低温下，也不会出现冻害，生长旺盛的金银花在-10℃左右的条件下叶子仍可保持青绿色。

2. 湿度

金银花是喜湿润的藤本植物，耐旱、耐涝。要求生长在年降水量700～800mm，空气相对湿度60%～75%为宜，大于80%或小于60%生长会受到影响。播种10天内降水量大于25mm才能正常出苗，扦插期降水量35～45mm，空气相对湿度以70%～75%为宜。开花期（5月下旬）降水量在20mm左右最好（金银花每茬花期相隔1个月左右，每年可开一至四茬），花期雨水过多，容易灌花，形成哑巴花萎缩；降水少，易旱花。

3. 光照

金银花为喜光植物，光照条件对其花枝的发育和金银花的产量、质量具有重要影响。有研究认为，生态环境因子中气候可能是金银花药材有效成分含量的决定因子，而日照时数又是最重要的因子。年日照时数以1800～1900小时为宜，日日照时数以7～8小时为佳。光照条件充足，有利于金银花次生物质的合成，促进绿原酸等有效成分的积累，从而增加其药用价值，提高经济效益。

4. 土壤

金银花对土壤要求也不严格，各类土壤均可种植，但以土质疏松、肥沃、排水良好的砂质壤土为好，在pH6.2～7.6的砂壤土、轻壤土、中壤土和褐色森林土上生长良好，尤以深厚、肥沃、湿润的褐色森林土和砂壤土中生长最好。

三、地理分布

忍冬属约有200种，我国有98种，5个亚种，18个变种，可供药用的达47种，广布全国各地，而以西南部种类最多。2015年版《中国药典》记载金银花为忍冬科植物忍冬*L. japonica* Thunb.的干燥花蕾或带初开的花。金银花原产我国。除黑龙江、内蒙古、宁夏、青海、新疆、海南和西藏无自然生长外，全国各省、自治区、直辖市均有分布。生于山坡灌丛或疏林中、乱石堆、山足路旁及村庄篱笆边，海拔最高达1500m。日本和朝鲜也有分布。

金银花栽培模式为平原集约化栽培，为树形金银花，亩产量100～120kg（藤本亩产量50～60kg）。木本树形比藤本形根系分布深广，具有更强的耐旱、耐寒、耐瘠薄能力。木本树形通风透光好，结花枝多，产量高，品质优，抗逆性更强，适合推广种植。特别是对于北方山区，由于土地瘠薄，干旱少雨，冬季寒冷，木本树形金银花更适合推广种植。我国金银花（忍冬*L. japonica* Thunb.）原主产于河南、山东两个省。现河北省也成为主产区之一。

河南自古以来都是金银花的主要产区，西晋《博物志》记载“魏地人家场圃所种，藤生，凌冬不凋”。此处所述的古魏地就包括了今河南封丘一带地域，至今仍是我国主要的金银花产区。河南金银花主产区有郑州市所辖的新密、巩义、荥阳等县市，新乡市所辖的封丘、原阳、辉县、濮阳、许昌所辖禹州等县市，洛阳所辖汝州、偃师等县市，以及焦作、信阳、南阳的部分山区。其中主要的产区有两个，一个是“禹密”产区，另外一个是“怀密”产区。明代朱橚《救荒本草》载:“今辉县山野中亦有之”。清嘉庆二十二年《密县志》载“金银花品香味俱佳，山中种植者，颇多受利”的字句。清代禹州、密县的金银花被列为贡品。清末医学家曹炳章在《增订伪药条辨》中记载“金银花产于河南淮（怀）庆者为淮（怀）密，色黄白，软糯而净，朵粗长，有细毛者为最佳。禹州产者禹密，花朵较小，无细毛，易于变色，亦佳”。河南禹州的药材市场从唐朝开始逐渐形成，到明代洪武年间禹州成为了全国性的中药材交易集散地，禹州以及附近的新密、巩义、荥阳以及汝州、偃师等地是河南密银花的最早产区，密银花的名字就是根据其产地密县（新密的前身）而命名。

山东金银花以平邑、费县为代表，所产金银花历史上曾称“东银花”“济银花”。据《费县志》（过去平邑县隶属费县）记载：“花有黄白，故名金银花，从前间有之，不过采以代茶。至嘉庆初，商旅贩往他处，辄获厚利，不数年，山角水湄栽植几遍。”野生金银花多分布于平邑蒙山，自清朝嘉庆初年，开始人工栽培，目前已遍布蒙山南麓的郑城、流峪、铜石、保太、临涧等乡镇。1949年前，平邑县年产量不足100吨，1949年后产量逐年增加，被国家列为金银花主要生产基地。

河北巨鹿栽培金银花从明万历年间有记载（明万历二十一年《巨鹿县志》清光绪版记载，金银花种植为药类之首）。该县地势低洼，土壤瘠薄，但适合金银花的生长。巨鹿1973年开始从山东、河南引种金银花，虽然种植面积不大，但生长表现较好。随后种植面积逐年增加。改革开放后，巨鹿金银花有了长足的发展，随着政府支持力度加大，栽培面积不断扩大，现已成为金银花主要产区之一。

四、生态适宜分布区域与适宜种植区域

金银花的道地产区主要集中分布在河南封丘、新密，山东平邑、费县和河北巨鹿，金银花道地产区自然条件大体相同，气候类型同属于暖湿带季风性半干旱气候，植被区划同属于暖温带南部落叶栎林区，水文区划同属于豫西淮北山东地带（华北区），气候区划同属于南亚热带湿润大区。

1. 河南金银花产区

河南新密市（原密县）、封丘县是传统的金银花道地产区，出产的金银花历史上曾被称为“密银花”“封丘金银花”，或统称为“南银花”。

河南独特的地理环境和自然条件加上1500多年的驯化栽培，孕育了金银花独特的品质，其质量在全国的金银花中属于上乘，并且其种植面积较大，故金银花有“中原二花甲天下”之美誉。根据资料分析，封丘金银花产区≥5℃的年积温一般在5000℃以上，年平均气温14℃，当地稳定超过3℃日期为2月28日，初终间日数为276天，这就说明了金银花的全年生长期为276天。封丘县年降水量为615.1mm，主要集中在夏季，6～8月的降水量为345.7mm，占全年降水总量的50%以上，年平均相对湿度为70%。金银花中的绿原酸含量与其光照

条件呈正相关，年日照时数以1800～1900小时为宜，日日照时数以7～8小时为宜，封丘的年平均日照时数为2142.4小时，在全省最高，日照时数百分率为48%。常言道“三分种，七分管”，封丘得天独厚的气候条件和科学的田间管理使封丘金银花畅销国内外。密银花曾在1914年巴拿马万国博览会上展出，受到世界医药界的欢迎。1980年全国医药总局在北京召开的评比会上，认为“密银花味浓清香为全国之冠”，并给密银花制定了全国唯一的银花药材商品特级价格。1984年封丘县金银花栽培面积已达1万亩，当年金银花收购量达250吨，被国家确定为金银花生产基地。2001年，封丘金银花的种植面积已经达10万亩，进入丰产期的金银花5万亩。至2003年曾一度达到30万亩，但2004—2006年金银花市场价格一路下滑，挫伤了新种植区农民的种植积极性，新发展区大部分又改种农作物，加之连续两三年老种植区管理粗放，产生大量病虫害，金银花大面积死亡，使该县金银花总体规模陡降。

2. 山东金银花产区

山东作为金银花的主产地之一，其种植区域主要集中在临沂地区的平邑县、费县、沂南县、苍山县、蒙阴县，枣庄地区的滕州市、峄城区、山亭区，济宁地区的邹城市，此外在德州地区禹城市的盐碱地带和菏泽地区曹县的沙滩地带也有种植。其中以平邑县种植最为普遍，产量最大。平邑县之所以成为金银花主产地之一，与其优越的地理、气候、环境条件具有密切关系。就地形、地貌来讲，该县山丘起伏，河流纵横，境内共有大小山头1076个，丘陵224座，山丘面积占总面积的85%。就气候来讲，该县四季分明，年温高，日照长，热量资源富饶，无霜期较长，降水量较少而集中，春季回暖早而干燥多风，夏季高温多雨，秋季日照充足、昼夜温差大，冬季雨雪稀少、寒冷干燥，年平均气温为13.2℃，无霜期212天，年平均日照2622.4小时，日照率58%。年平均降水量为803.4mm。就土壤质地来讲，该县土质大体可分为棕壤、褐土、潮土和砂姜黑土四大类。平邑金银花多分布在棕壤和褐土地段，约占全县可利用面积的88.51%。棕壤多分布在山丘中上部，所处地势高，土层浅，质地粗，砾石多，结构松散，蓄水保肥性差。褐土类分布在石灰岩的低山丘陵的中下部，地势起伏，土层薄，石渣多。这两类土壤的容重高，热容量低，昼夜温差大，可有效缩短每茬花的生育期，促发多茬花。1949年前，全县年产量不足100吨，1949年后产量逐年增加，被国家列为主要生产基地。但金银花曾出现过两次栽了刨，刨了栽的现象，至1966年总产量仅200吨。改革开放后全县普遍推行。花随地走，谁栽谁有。并应用新的田间管理技术，使老花墩更新复壮，新花墩迅猛发展，产量大幅度上升。1983年总产量1000吨，1985年达1500吨，至1988年，全县有800多个村庄散生栽培4700万吨，密植金银花5000亩，总产量稳定在1500吨左右。至2010年，全县已发展金银花56万亩，年产量9000吨，占全国总产量的70%以上。平邑县注重金银花种质资源的开发研究，不断加快金银花老品种更新复壮、优良品种培育、标准化栽培技术研发推广步伐，在主栽品系大毛花系和鸡爪花系的基础上，培育出了优良品种“九丰一号”金银花。

3. 河北省金银花产区

河北省金银花主产于巨鹿地区。河北巨鹿是金银花最年轻的种植地区，大规模栽培历史仅30年，但发展势头迅猛。从1973年巨鹿县农民谢凤岭开始试种金银花，到1988年，金银花栽培面积达126公顷。1988年，时值中央调整农业种植结构，随着政府支持力度进一步加大，金银花产业迎来了发展的高峰期，栽培面积发展到2000公顷，2004年达4666公顷。现今巨鹿金银花栽培面积超过5200公顷，金银花已成为巨鹿当地支柱产业之一。

第3章

金银花栽培技术

一、种子种苗繁育

可选择枝条、种子等材料，用播种、扦插、压条等方法进行繁育。包括有性繁殖和无性繁殖。以扦插繁殖为主，扦插繁殖成活率高，开花早，效益高。

1. 有性繁殖

通过金银花种子进行育苗。种子繁殖费工、费时、生长较慢，加之金银花主要以花入药，多不让其结籽，所以生产上很少应用。

2. 无性繁殖

利用植物的组织或器官，在适宜的条件下，通过它的分化作用，再生完整植株的过程，也叫营养繁殖，分压条、分根、扦插、组织培养等多种方式。金银花主要采用扦插和压条的方式进行繁殖。

二、栽培技术

（一）选地与整地

育苗地，选靠近水源，灌排条件好，土质疏松肥沃，富含腐殖质，排水良好的砂质壤土。每亩施厩肥3000kg，过磷酸钙50kg，均匀撒于地面，深翻30cm，耙细整平，作宽1.2m高畦或平畦，进行育苗。移栽定植地可以选疏松肥沃、排水良好的砂质壤土，亦可以选山坡、路边、田埂，房前屋后篱笆旁等闲散地块移栽。选地后，施足基肥，深翻土地，耙细整平进行穴栽。

（二）繁殖与育苗

生产上常用的方法是扦插育苗法。凡有灌水条件者，一年四季都可扦插育苗，但一般多冬插、春插和伏雨季节扦插。冬、春季扦插育的苗，到雨季约半年即可挖出造林；伏雨季节扦插育的苗，冬、春季即可栽植。扦插圃地只要能保持地面湿润，成活率一般可达90%以上。

1. 扦插繁殖

可分为扦插育苗和直接扦插两种方法。扦插时间多在雨季进行，此时高温高湿扦插成活率较高。

（1）插穗的选用　在夏秋阴雨天，选择一至二年生健壮、充实的枝条，截成长30cm左右的插条，约保留3个节位。亦可结合夏剪和冬剪采集，采后剪成25～30cm的穗段。选用结果母枝作插穗者，上端宜留数个短梗。

（2）扦插育苗　选择上述插穗，摘去下部的叶子，并在下端近节处削成斜面，用0.08%～0.1%吲哚乙酸溶液快速浸蘸下端斜面，稍晾干后进行扦插。在整好的苗床上，按行距20～25cm开沟，深15cm，株距3～5cm，把插条斜插入沟内，然后覆土盖平压实，一般插深为插条的一半，栽后浇透水，以后如天气干旱，要经常适量浇水，保持床土湿润半个月左右，即可生根发芽，于第二年的春季或秋季移栽。此方法占地面积小，成活率高，节省插条。

（3）直接扦插　在7～8月，选阴雨天将同扦插育苗一样处理好的插条，在整好的栽植地上，按行株距1.7m × 1.5m挖沟，穴深和横径各30cm，挖松底土，每穴施5～8kg腐熟厩肥，与底土拌匀。每穴扦插5～6根插条，分散开斜立着插入穴内，地上部露出10cm左右，然后填土压实，栽后浇透水，以后如遇干旱，经常浇水，保持土壤湿润，以确保成活。一般半个月左右即可生根发芽。

2. 种子繁殖

（1）采种及种子处理　于11月采摘黑色成熟果实，放到清水中搓洗，漂去果肉、杂质及瘪粒，将沉水的饱满成熟种子捞出晒干备用。可以随采随种。如春播，则于翌年3月取出种子，将种子放到40～45℃的温水中，浸泡24小时，取出于2倍湿砂拌匀，进行催芽，当种子有1/3露白时，即可播种。

（2）育苗　在播种前先将整好的苗床浇透水，待水渗下后，按行距15～20cm横畦开深3cm的沟，将处理的种子均匀撒于沟内，覆细土1cm，整平畦面，盖草保温保湿，每隔一天喷一次水，保持床土湿润，10天左右即可出苗，揭去盖草。加强苗期松土除草、浇水、追肥等一系列田间管理。当年秋后或翌年春季即可移栽。每亩播种量1.5kg左右。

（3）移栽　于当年秋季落叶后或翌年早春萌芽前进行移栽。在整好的移栽地上，按行距1.5～1.7m，株距1.2～1.5m，品字形开穴，穴径及穴深各30cm，挖松穴底，每穴施入厩肥5～8kg，与底土拌匀，每穴栽苗一株，填土压实，浇透水，以利成活，如遇干旱，应经常浇水，保持穴土湿润，成活率高。

3. 压条繁殖

利用金银花枝条柔软易弯曲，触土易生根的特点，可以进行压条繁殖。于早春萌芽前，选生长健壮、无病虫害的四至五年生优良植株，将近地面的外围一年生枝条弯曲，并将弯曲处枝条外皮半环剥，用小木杈固定弯曲处埋入土中，枝条长可以连续曲枝压条。弯曲处压覆10cm细土。压条后经常浇水，保持湿润。当年秋季将成活的压条苗截离母体，异地栽植。

（三）田间管理

1. 中耕除草

一般每年中耕除草3次，第一次在移栽成活及春季发芽时进行，宜浅不宜深，避免伤根，以后每一个月进行一次，第三次可以稍深些，做到花墩周围无杂草。入冬前结合中耕除草培土于植物根际周围，以利越冬。北方高寒地区种植，要将植株和老枝条全部用草覆盖后埋入土中，才能安全越冬。翌春萌发前，除掉覆盖物。结合中耕除草，直接扦插的，每穴留壮苗一株。

2. 适时浇水

一般要做到封冻前浇1次封冻暖根水，次春土地解冻后，浇1～2次润根催醒水，以后在每茬花蕾采收前，结合施肥浇水1次促蕾保花水，每次追肥时都要结合灌水。土壤干旱时要及时浇水，以利忍冬植株新梢生长，可促进多次开花。

3. 施肥

忍冬是多年生、多次现蕾开花的药用植物，应做到一年多次施肥。研究表明，磷肥和氮肥增产效果最好，平衡施肥以有机肥与无机肥配合更好。根据忍冬发育规律和采花蕾的需要，一般至少每年施两次肥料。第一次在封冻前，多用堆肥或厩肥等有机质肥料，既有助于植株防寒保暖，又可促进植株早春旺盛生长，每株可用堆肥或厩肥5kg，同化肥50～100g混合施入；第二次在头茬花蕾采摘后，每株可施用人粪尿5～10kg或化肥50～100g，以后根据培养多茬花蕾的实际需要，每采摘1次花蕾，则施用1次速效氮肥。施肥方法，结合深翻松土埋入土中，也可在植株周围30～35cm处，开环形沟，沟深15～20cm，将肥料施入沟中，将沟用土填盖即可，施肥后及时浇水。有条件的地方，在植株现蕾后，要喷洒1次磷酸二氢钾和尿素混合液，浓度为0.5%。

4. 整枝修剪

合理进行枝条的修剪和整形是提高金银花产量和质量的关键措施。金银花新生分枝多，自然更新的能力很强。已开过花的枝条，当年继续生长，但不再开花，只有在原开花母枝上萌发的新梢，才能再结花蕾。整枝修剪必须根据品种、墩龄和枝条类型来确定。对匍匐形枝条长的老花墩，要重剪，截长枝，疏短枝；截疏并重；壮花墩，以轻剪为主，少疏长留；幼龄花墩以截为主，促进分枝，加速扩大墩冠。对立体型主干明显，枝多不着地，剪枝要做到去顶，清脚丛，打内膛，使花墩成伞形直立小灌木。当主干高40～50cm时，去掉顶梢，促进侧芽萌发成新枝条，翌年春季萌发后，在主干上选4～6条粗壮、分布匀称的枝条为主枝，主枝上长出分枝，保留4～6个芽，剪去上部枝梢，这样再分级修剪两次，使枝条分布均匀，再修剪过长枝、枯枝、病弱枝、向下延伸枝，使枝条成丛直立，最后形成主干粗壮直立，分枝层次分明、疏密均匀，通风透光好的伞形灌木状花墩。这样新枝多，花蕾多，采摘管理方便。生长期修剪是在每次采花后进行，目的是促进形成多茬花，提高产量。第一次剪春梢于6月上中旬头茬花后进行；第二次剪夏梢于7月中下旬二茬花后进行。第三次剪秋梢于9月上中旬三茬花后进行。要求以轻剪为主，去掉病弱枝和过密徒长枝即可。

（四）病虫害防治

1. 病害

（1）金银花（忍冬）白粉病　主要危害叶片、茎和花。叶上病斑初为白色小点，后扩展为白色粉状斑，严重时叶发黄变形甚至脱落。温暖湿润或株间郁闭易发病，施氮肥过多，也易发病。防治方法：发病初期喷施15%三唑酮可湿性粉剂2000倍液。

（2）枯萎病　叶片不变色而萎蔫下垂，全株青干枯死，或一枝干枯，或半边萎蔫干枯，刨开病干，可见导管变成深褐色。防治方法：建立无病苗圃；移栽时和发病初期用农抗120的500倍液灌根。

2. 虫害

（1）蚜虫类　主要是中华忍冬圆尾蚜和胡萝卜微管蚜以成、幼虫刺吸叶片汁液，危害叶片，造成叶片卷曲发黄，花蕾畸形，产量降低。防治方法：在4月初蚜虫危害猖獗时，可选用10%吡虫啉（蚜虱净）可湿性粉剂5000倍液、1.8%阿维菌素乳油（虫螨克）6000倍液，每隔7～10天用药1次，喷施1～2次即可控制。但采花前15～20天应停止用药。

（2）忍冬细蛾　该虫以幼虫潜入叶内，取食叶肉组织，严重影响光合作用，使金银花产量和品质降低。防治方法：防治重点是在1、2代成虫和幼虫前进行防治，可用25%灭幼脲3号3000倍液喷雾，在各代卵孵盛期用1.8%阿维菌素2000～2500倍液喷雾。

（3）棉铃虫　主要取食金银花蕾，每头棉铃虫幼虫一生可食10～100多个花蕾，不仅影响品质，而且容易造成花蕾脱落，严重影响产量。该虫每年4代，以蛹在5～15cm土壤内越冬。防治方法：防治重点是1、2代，防治时期是幼虫3龄以前，因第1代数量直接影响以后各代的数量，因而在第1代幼虫盛发期前（5月初），用Bt制剂、氰戊菊酯、千虫克、烟碱苦参碱等防治该虫。

（4）铜绿丽金龟　该虫的幼虫称蛴螬。主要咬食忍冬的根系，造成营养不良，植株衰退或枯萎而死。成虫则以花、叶为食。该虫一年1代，以幼虫越冬。防治方法：用蛴螬专用型白僵菌每亩2～3kg，拌50kg细土，于初春或7月中旬，开沟埋入根系周围。

三、采收与产地加工技术

（一）采收

1．采收期

金银花的采收期，一般在5～8月，主产期主要在5～6月。由于金银花的花期短促而集中，采收时间性很强，采收过早，虽质量较好，但产量较低；如等花朵全部开放才采收，虽产量高，但花粉、香气散失，干燥率低，质量亦较差。最适宜的采摘标准是：花蕾由绿色变白，上白下绿，上部膨胀，尚未开放。这时的花蕾，按花期划分是二白期、大白期。根据实践经验和近几年的试验研究，黎明至午前9时以前，采摘花蕾最为适时，干燥后呈青绿色或绿白色，色泽鲜艳，折干率高，平均4.2kg鲜品出干品1kg。按采摘阶段，分为头茬花蕾和第二茬花蕾。光、热、水、肥条件好，夏剪、摘心管理正确适时，亦可采收第三、四茬花蕾。采蕾时期可由5月中下旬，一直延长到9月中旬。头茬花蕾约在立夏至小满采摘，时间约为10天，一般前五天花蕾较少，后5天花蕾的采摘量最多；第二茬花蕾约在夏至到小暑期间采摘；第三茬花在大暑到处暑间采摘；第四茬花在白露以后采摘。

由于头茬花积累了一个冬天的能量，花发育时各种气候条件比较适宜，病虫害现象不明显，产量、质量都高，所以要组织好冬剪及头茬花的采收。第二茬花花期在6～7月，此时土壤偏旱，病虫害严重，杂草生长旺盛，产量、质量比第一茬有所下降，所以建议加强第二茬花期间病虫害综合防治，同时结合追肥和灌水来提高产量；第三、四茬花处于雨季，徒长性花枝比较多，病虫草害更加严重，所以产量下降，建议在第二茬花结束时要采取适宜的修剪方式进行修剪回缩，保存树势，同时加强病虫害治理与预防，以此来提高产量。二白期至大白期间采收适宜。5月第一茬花产量大（48%），所含绿原酸和木犀草苷量均高，6月第二茬花产量其次（33%），木犀草苷量比5月极显著降低。第三、四茬花产量19%，所以对第一、二茬花的采摘要提前做好预案，在大白花期之前将花蕾全部采摘下来，就能保证全年产量的81%。不同发育阶段金银花（鲜花、干花）的外部形态也不同（表3-1、图3-1和图3-2）。

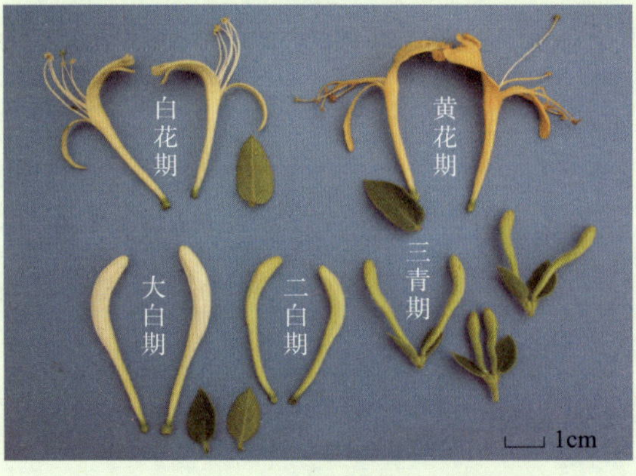

图3-1　忍冬花的不同花期（鲜花）

A　　B　　C

图3-2　忍冬花的不同花期（干花）

A. 三青期　B. 二白期　C. 大白期

表3-1　不同发育阶段金银花外部形态比较分析

类别	三青期	二白期	大白期	银花期	金花期
鲜花	花蕾棒状，上部膨大，长2～3cm	花蕾棒状、顶端明显膨大，并呈白色，蕾基较细而呈青色，长3～4cm	含苞待放，整个花蕾几乎变成白色，仅其基部色稍青，长4～4.5cm	花蕾完全开放，下唇瓣反转，花柱外漏，花色银白	色变金黄，随后枯萎凋谢
干花	棒状花蕾，不开裂，长1.5～2.5cm，色青黄	棒状花蕾，不开裂，长2.5～3.5cm，色黄白	花蕾上部开裂，但上唇瓣不反转，长约3.5cm，色黄白	花开放，顶中端呈二唇形，上唇瓣反转，色较大白期稍深	花瓣开裂，色棕黄

2. 采摘方法

采摘金银花使用的盛具，必须通风透气，一般使用竹篮或条筐，不能用书包、提包或塑料袋等，以防采摘下的花蕾蒸发的水分不易挥发再浸湿花蕾，或热量不易散失而发热发霉变黑等。采摘的花蕾均轻轻放入盛具内，要做到轻摘、轻握、轻放。

（二）加工

金银花的产地加工方法是影响药材质量的重要因素之一，加工方法的实用性直接关系到药农的经济效益。现代有关金银花产地加工的实践研究较多，主要有：晒干法、阴干法、烘干法、蒸制干燥法、杀青烘干法、炒制干燥法等。还有真空干燥、真空冷冻干燥和微波干燥等新加工技术的出现。

1．晒干法

为传统干燥方法，操作简单，成本低。鲜金银花采收后，应立即晒干，以当日或两日内晒干为宜。将采摘的花蕾，均匀地撒在山坡石板上、平房顶上、水泥场地上，或编制的工具如条筐、苇席或高粱秆箔上日晒，厚薄可根据日照的强弱而得，一般以3～6cm为宜。不要直接撒放在泥土地面上，因泥土地面夜晚易返潮，花蕾易受潮变黑。摊晒的花蕾在未干前，不能触动，否则花色变黑或花蕾断碎。在编制的工具上晒制时，傍晚后可收回房内或棚下，晒具要架起来，以利通风和防潮。花蕾用手抓，握之有声，一搓即碎，一折即断，含水量达5%左右，可装入塑料袋中储存。晒干法虽简便易行，但需天气晴朗，金银花开花的主要季节为春末夏初，此季节多为雨水天气。在晒干过程中如果突然下雨，则会导致色泽不均匀，影响金银花品质。及时暴晒至干者，产品颜色是黄绿相间的，但颜色不稳定，放置过久会变成棕黄色。研究表明，晒干的金银花可溶性糖含量高，折干率高，但外观形状较差，绿原酸含量受采收加工期间的天气条件影响波动较大。目前，只有部分地区的三、四茬花在干燥时使用此方法。

2. 阴干法

如因天气不好或因阴雨而不能进行日晒。可将鲜品置于通风处薄摊晾干，直至完全干燥后密封保存。少量金银花宜采用此方法。阴干法为金银花的传统干燥方法，自梁代《名医别录》至清代中晚期文献中，均有对该方法的记载。但阴干法无法适应大生产的需要，干燥时间长，干燥条件不宜控制，绿原酸含量低于晒干法产品。

3. 烘干法

随着金银花种植面积的扩大，晒干法无法适应大规模生产的需求。于是河南封丘在1976年就开始研究、实施烘干法，并逐步在全县推广，药农一般每户都有一小烘房。烘干的药材成品色泽与新鲜金银花一致，颜色自然，多呈黄绿色，有金银花特有的清香气，口感好，质量佳。在销售中，要比晒干品的价格高20%左右。采用烘干法，一般多户共用一大烘房。现河南、山东的头茬花、二茬花多采用烘干法，三、四茬花由于花少，且在高温雨少的夏秋季节，多采用晒干法。烘房烘干法需在合适处建造一个既能通风良好又能保湿的简易烘烤房。将采回的鲜品按照以下的步骤进行烘烤。

（1）装花前的准备　在烘房装花前先检查其供热、通风、排湿、装花、测控等各环节是否符合技术要求，然后加热至50～60℃，使烘房干燥，并检验烘房的功能。

（2）装花　将采回的鲜花轻手均匀地撒于花筐内或花架上，3～4cm厚，注意不要翻动或淋水，以防变色降低花质量。花筐、花架要透气好，易取放，不漏花，坚固。装花时要注意先上后下，先里后外，留出空隙，以利于透热排湿，并将含水量大、露水多的鲜花放于烘房底层，以利于烘烤均匀。

（3）烘烤　装花前关闭所有通风、排湿设施，点火1～1.5小时，迅速升温至干表温度42～45℃，尽快抑制或杀灭金银花自身的氧化酶，以减少有效成分的丢失和绿原酸的氧化分解代谢。待鲜花开始软化，出汗脱水，干表温度与湿表温度相差1～2℃，房内充满水蒸气时，室内干表温度保持在47～50℃。如温度保持不够，将通风口一部分关闭（每次4～5分钟），干表温度与湿表温度相差5～6℃时再打开。2～3小时后鲜花水分大部分蒸发，干表温度与湿表温度相差14～16℃时，升温至55℃时逐渐关闭通风排湿设施，保持温度1～2小时，在干表温度与湿表温度相差16～18℃时停火。

（4）闷芯　火炉停火后，关闭全部通风、排湿及散热的所有设施1～1.5小时，使金银花花芯中水分闷出，以利于久存而不变质。

（5）出花　经过1～1.5小时闷芯，花芯中水分基本排出，到干表温度下降至48～50℃时，打开全部通风、排湿口迅速排湿降温，到干表温度38～40℃时，打开房门即可出花。

为防止金银花烘烤太过至色泽过深，或烘烤不透致使有效成分含量降低，要随时观察，严把温度、干湿度差和时间，以及通风排湿量，并根据情况及时调换鲜花部位。看金银花的变化，确定温度、湿度和时间；看温度高低，确定火力的大小；看温度和干湿度差，确定通风、排湿量。掌握金银花色泽变化要严，时间长短要灵活；控制温度和干湿度要严，通风排湿的程度要灵活。

烘房烘干法与沿用的普通烘干法及晾晒法相比，干花产率比普通烘干法高0.8%，比晾晒干法高1.9%；干花优质率比普通烘干法高33%，比晾晒法高52%；挥发油含量比普通烘干法高0.05%，比晾晒法高0.01%；绿原酸含量比普通烘干法高0.26%，比晾晒法高0.28%。烘干保质法烘出的干花质量好，干花率高，外观色泽纯正，手感好且干燥时间缩短10～18小时，每千克干花消耗燃料减少0.45kg和0.66kg。

4. 机器杀青烘干法

金银花含有多酚氧化酶等酶类，加工时如果采用的方法不当，如不适宜的烘干温度、频繁的翻动等，很容易激活多酚氧化酶的活性，造成绿原酸的大量氧化缩合而损失，花的颜色也变成褐色、黑色，这是困扰金银花加工的主要难题。加工金银花时借鉴加工绿茶的办法，通过杀青来灭活金银花鲜品中的多酚氧化酶类，然后再进行干燥，从而得到金银花成品的外观质量优，且绿原酸含量高，在部分种植区已有应用。杀青的要点必须快速升温，这与多酚氧化酶的性质有关。一般温度从0～55℃，酶的活性随温度升高而增强，到55℃活性达到最大，到65℃开始突然下降，85℃基本上失去活性。因此，杀青时要提供足够的热能，使金银花内部的温度迅速上升，短时间内越过酶活性较强的阶段，达到酶钝化的临界温度，使酶失活。

目前应用较多的几种杀青方式及特点如下：①滚筒杀青：设备价格低廉，操作方便，产量较高，但杀青温度易波动，需依靠操作者的不断调整控制，有各种规格大小的机型可供选用，较易推广，是目前应用最广泛的杀青方式。滚筒杀青机杀青，杀青后要立即进行烘干，近年来，用于烘干的机械设备出现很多，如百叶箱烘干机、全自动烘干机等。②蒸汽杀青：具有杀青匀、透的特点，产量较高，是一种较有前途的杀青方式，但价格比较昂贵。杀青设备中有的用煤火或者木炭产生的热气直接将鲜金银花杀青，有的用锅炉产生的蒸汽直接将鲜金银花灭活等；烘干时，有的用煤火产生的热气慢慢烘干，有的用皮带传动、在电热烘道中数分钟迅速烘干等。③微波杀青：目前推广较快，杀青质量较好，并且可杀青后接着干燥。但产量较低，设备昂贵，用电量大，生产成本高，仅适合少量或补杀青等场合使用。实验研究表明杀青烘干的金银花中绿原酸和木犀草苷含量均高于晒干品和阴干品。

5. 蒸制干燥法

该方法是将鲜花疏松的摊于蒸制容器中，厚度在2～3cm，或以此厚度摊在竹箕上，分层放入木甑中，于沸水锅中，以蒸盖上汽时开始计算时间，视容器大小，蒸3～5分钟，取出晒干或烘干。用蒸汽处理的时间不宜过长，否则鲜花熟烂，改变其原来的性味。此法增加了花中水分的含量，应及时晒干或烘干，若阴干，成品质量较差。如果采回的鲜花蕾中夹有少许绿色者，可将其疏松摊在通风处，放置12～24小时，使绿色花蕾经短期后熟再蒸，成品颜色可不受影响。不同产地采用蒸制干燥加工成的金银花样品中绿原酸含量差别较大，蒸后烘干所得金银花成品外观性状较好，具有不同程度的油润感，金银花气味清香，绿原酸及可溶性糖含量较高，但折干率低于晒干和烘干。

6. 微波干燥法

金银花的微波干燥方法是近来应用范围较广的一种新型加工技术，该方法是将鲜花薄摊于微波加内进行干燥，具有加热时间短，内外温度一致，能透入金银花内部加热，以及无须高温介质的特点，从根本上改变了依赖高温介质和热传导方式加热升温的常规加热杀菌灭酶的格局，由于微波电磁场在干燥过程中具有非热效应，使微生物体内蛋白质变性，细胞结构被破坏，导致细胞的死亡，其威力大大缩短了杀菌时间和杀菌温度，显示出微波杀菌的独特优势，有利于干燥后的贮藏和包装，不宜产生霉变和生虫现象。微波干燥所得的金银花成品外观性状较好，但折干率低于晒干和烘干；绿原酸、水浸出物量和浸出物总量较高；此方法与自然晒干相比，加工后成品中木犀草苷的含量高很多。

7. 真空远红外辐射干燥

真空远红外辐射干燥结合了真空的低温无氧和远红外辐射加热的非接触、均匀加热的优点、对保持物料中具有热敏性和氧敏性的有效成分及提高干燥效率来说，效果十分显著。采用此种技术对金银花进行干燥，具有效果好、易操作、产品加工后成色好等优点。

8. 冷冻干燥法

该方法是先将鲜花放入低温冰箱中冷冻，然后经冷冻干燥机干燥。冷冻干燥所得的金银花成品外观性状较好，但折干率低于晒干和烘干法，获得的成品水浸出物相对较少，游离氨基酸含量较低。冷冻干燥法对药材中的易氧化分解成分具有一定的保护作用，但实验中对冷冻干燥样品的有效成分和营养成分的含量分析，却没有体现出冷冻干燥的优势。这可能与冷冻干燥的技术特点和具体工艺有关，冷冻干燥过程造成了植物组织细胞局部水分快速散失，细胞原位水分的丧失形成了空腔，而空腔中的空气并没有随之排出，且细胞组织中的酶没有被灭活，因此可以继续氧化其中的有效成分，造成了植物组织中有效成分的分解。

第4章

金银花药材质量评价

金银花是忍冬科植物忍冬*Lonicera japonica* Thunb.的干燥花蕾或带初开放的花，具有清热解毒、凉散风热之功效，用于痈肿疔痹、丹毒、热毒血痢、风热感冒、温病发热等。通过金银花的本草考证和地方文献查证，以及结合现代资源调查研究，对其本草及道地性进行系统考证，其药用历史沿革和道地变迁，为金银花的资源保护与栽培利用提供科学的依据。

一、本草考证

（一）名称考证

我国现存最早的药物学专著《神农本草经》中未见关于忍冬的记载，究竟“忍冬”之名最早出现于何时呢？过去人们均认为“忍冬”是由梁代陶弘景的《名医别录》或《本草经集注》首载的，我们经考证发现其实不然，因在陶氏100余年前的《肘后备急方》中“忍冬”之名就已经出现了。因此《肘后备急方》可能是《名医别录》或《本草经集注》中“忍冬”最原始的出处。此后，一直到唐代各类医籍中均只有“忍冬”之名。至宋代，人们对“忍冬”原植物的习性、形态及功效主治等方面的认识不断加深，有关金银花的其他名称也就相继出现了，总计10余种。

特别值得一提的是“金银花”这一名称，是苏轼、沈括首次载于《苏沈良方》。金元时期金银花的有关名称基本未增加，只是危亦林在《世医得效方》

中记载了“蜜啜花”。宋代《重修政和经史证类备用本草》及其以前本草所载金银花基原可能不是今天的金银花。明代《本草纲目》所述“忍冬”应该为今之忍冬。清代《植物名实图考》中所绘“忍冬”为今之忍冬。

（二）基原考证

1. 形态描述

中药金银花与《中国药典》中所记载的另一种药材忍冬藤皆来源于植物忍冬，是忍冬的不同药用部位，金银花是忍冬的花蕾，忍冬藤是忍冬的干燥茎枝。忍冬藤作为药用历史悠久，早在《名医别录》中就有药用记载，而明确将花或花蕾作为药用，并称之为金银花的记载则首见于明代藩王朱橚主编的《救荒本草》。显然，对于金银花药用品种的考证应立足于明代以后的文献，但考虑到忍冬藤与金银花的同源性，本文将明代以前对忍冬藤形态描述的文献也一并搜集加以研究。历代中医药典籍中记载忍冬植物形态的相关文献较多。

南北朝《本草经集注》：今处处皆有，似藤生，凌冬不凋，故名忍冬。唐《新修本草》：此草藤生，绕覆草木上。苗茎赤紫色，宿者有薄白皮膜之。其嫩茎有毛，叶似胡豆，亦上下有毛。花白蕊紫。今人或以络石当之，非也。北宋《墨庄漫录》：鸳鸯草藤蔓而生，黄白花对开。傍水依山，处处有之，治痈疽肿毒尤妙，或服或傅皆可。盖沈存冲所载金银花又曰老翁须者，《本草》名忍冬。北宋《苏沈良方》：忍冬嫩苗一握，叶尖圆茎生，茎叶皆有毛，生田野篱落，处处有之，两叶对生。春夏新叶梢尖，而色嫩绿柔薄，秋冬即坚厚，色深而圆，得霜则叶卷而色紫，经冬不凋。四月开花，极芬，香闻数步，初开色白，数日则变黄。每黄白相间，故一名金银花。花开曳蕊数茎如丝，故一名老翁须，一名金钗股。冬间叶圆厚，似薜荔枝，一名大薜荔，可移根庭槛间，以备急。花气可爱，似茉莉、瑞香、甘草。南宋《曲洧旧闻》：郑许田野间二三月有。一种花蔓生，其香清远，马上闻之，颇似木樨，花色白，土人呼为鹭鸶花，取其形似也。亦谓五里香。明《救荒本草》：旧不载所出州土，今辉县山野中亦有之。其藤凌冬不凋，故名忍冬草。附树延蔓而生，茎微紫色，对节生叶，叶似薜荔叶而青，又似水茶臼叶，头微团而软，背颇涩，又似黑豆叶而大。开花五出，微香，蒂带红色，花初开白色，经一二日则色黄，故名金银花。明《本草蒙筌》：忍冬，凌冬不凋，名由此得。蔓延树上，藤多左缠。故又名左缠藤。茎梗方小微紫，叶如薜荔而青。四月开花，香甚扑鼻。初开色白，经久变黄。明《本草纲目》：忍冬在处有之。附树延蔓，茎微紫色，对节生叶。叶似薜荔而青，有涩毛。三四月开花，长寸许，一蒂两花二瓣，一大一小，如半边状。长蕊。花初开者，蕊瓣俱色白；经二三日，则色变黄。新旧相参，黄白相映，故呼金银花，气甚芬芳。四月采花，阴干，藤叶不拘时采，阴干。明《本草乘雅半偈》：（忍冬）在处有之。藤蔓左缠，绕覆草木上，或篱落间。茎色微紫，对节生叶。叶似薜荔而青，有涩毛。三四月开花长寸许，垂须倍之，一蒂二花两瓣，大小不齐，若半朵状。初开蕊瓣俱白；经三日，渐变金黄。新旧交参，黄白掩映，幽香袭人，燥湿不变。清《本草述钩元》：在处有之。藤蔓左缠。茎色微紫。对节生叶，似薜荔而青，有涩毛。三四月花初开，蕊瓣俱白，经三日渐变金黄，幽香袭人，燥湿不变。名金银花。

另据谢宗万考察，1949年以来山银花（现《中国植物志》称之为华南忍冬）*L. confusa*（Sweet）DC.；红腺忍冬（现《中国植物志》称之为菰腺忍冬）*L. hypoglauca* Miq.；灰毡毛忍冬*L. macranthoides* Hand.-Mazz.；细苞忍冬（现《中国植物志》称之为细毡毛忍冬）*L. similes* Hemsl.；毛柱忍冬（现《中国植物志》称为水忍冬）*L. dasystyla* Rehd.；大花金银花（现《中国植物志》称之为大花忍冬）*L. macrantha*（D.Don）Spreng；皱叶忍冬*L. reticulata* Champ.（此种拉丁学名待查，现《中国植物志》将其拉丁名定为*L. rhytidophylla* Hand.-Mazz.）；盘叶忍冬*L. tragophylla* Hemsl.；叶藏花*L. harmsii* Graebn.（此种代考，现《中国植物志》将其中文名归入盘叶忍冬下）等品种也作为药用金银花的地方习用品使用。

金银花是我国历史悠久的药用植物。传统药用金银花为缠绕藤本；茎微紫色，有被毛；叶对生，卵状心形，两面皆有被毛；一蒂双花，单花唇形，花

冠长3.2cm左右，花蕊长，花开先白后黄，总花梗单生于小枝叶腋且总苞片叶状卵形，花期3月中旬到5月中旬等特征。在忍冬科植物中，仅忍冬*L. japonica* Thunb.一个品种符合传统药用金银花的植物学特征，应作为正品药用金银花的品种使用。

2. **功效描述**

关于忍冬和金银花的演变过程，过去认为，明代（含明代）以前只用忍冬；明末清初是枝叶与花同用；清代中期以后花与枝叶分别应用而以花为主，分别名为金银花与忍冬藤。以下是从忍冬到金银花的功效衍变过程。

忍冬一药最早记载于南北朝时期的《名医别录》，列为上品。谓其："味甘，温。无毒。主治寒热，身肿。久服轻身，长年益寿。十二月采，阴干。陶弘景的《本草经集注》注云：今处处皆有，似藤生，凌冬不凋，故名忍冬。人惟取煮汁以酿酒，补虚疗风。《仙经》少用。此既长年益寿，甚可常采服。凡易得之草，而人多不肯为之，更求难得者，是贵远贱近，庸人之情乎？"

唐代苏敬在《新修本草》的忍冬条下谨案中说："此草藤生，绕覆草木上。苗茎赤紫色，宿者有薄白皮膜之。其嫩茎有毛，叶似胡豆，亦上下有毛。花白藤紫。今人或以络石当之，非也。"未有功效应用新的总结。

两宋时期北宋《开宝本草》只在忍冬条下加引了陈藏器《本草拾遗》的忍冬，主热毒血痢、水痢。《嘉祐本草》则只在忍冬条下加引了甄权《药性论》

的（忍冬）亦可单用。唐慎微的《证类本草》也只增加了《肘后备急方》的一个“五种尸注”的方剂。

到了南宋，王介在其《履巉岩本草》下卷载有“鹭鸶藤”一药（经郑金生先生考证实为忍冬），谓其：“性温无毒，治筋骨疼痛善治脚气，一名金银花。”

明代初年，周定王朱橚所编的《救荒本草》是第一本把金银花作为药名收载的本草书籍。而且性能主治具全。谓其：“善治痈疽发背，近代名人用之奇效。味甘性温无毒。”

云南兰茂著有《滇南本草》，收载了金银花，称其：“味苦，性寒，解诸疮，痈疽发背，无名肿毒，丹瘤，瘰疬。”但此书著于明而刊于清（李时珍未见此书），且其内容经后人增删，不能作为本草考证的依据。

陈嘉谟著《本草蒙筌》对忍冬的植物形态描述很形象，并首次提到“根茎花叶，随时采收”（春夏采花叶，秋冬采根茎）。谓其：“味甘，气温，无毒。专治痈疽，诚为要药。未成则散，甚多拔毒之功；已成则溃，大有回生之力。或捣汁搀酒顿饮，或研烂拌酒浓敷。或和别药煎汤，随证轻重取效。”后又引《别说》云：“大治五种飞尸，倘被鬼击作痛亦可服也。血痢水痢兼治，风气湿气咸除。”为李时珍《本草纲目》的全面总结打下了基础。

李时珍的《本草纲目》，对忍冬的历代本草文献作了全面的总结。在释名、集解项下解释忍冬和金银花及其别名，以及它的产地、采集时月和植物形态等。在气味、主治项下除引用《名医别录》《药性论》《本草拾遗》内容外，还增加了“治飞尸遁尸，风尸沉尸，尸注鬼击，一切风湿气，及诸肿毒。痈疽疥癣，杨梅诸恶疮，散热解毒”。李氏新增这些主治都是以临床为据的。在发明项下李时珍进一步作了总评：“忍冬，茎叶及花，功用皆同。昔人称其治风除胀，解痢逐尸为要药，而后世不复知用，后世称其消肿散毒治疮为要药，而昔人并未言及。”在附方项下，所载附方共十八首，其中十七首为新增，全面佐证了他新增的主治内涵。如果把南宋王介在其《履巉岩本草》下卷中“鹭鸶藤”一药中的“治筋骨疼痛善治脚气”概括进去就更为完备了。

自《本草纲目》发行以后，从明末到清代前期对后世影响比较大的一些本草书籍，或以忍冬为药名，或以金银花为药名，大多是以《本草纲目》资料为依据进行编写。如缪希雍的《本草经疏》、张璐的《本经逢原》、卢之颐的《本草乘雅半偈》等都是以忍冬为药名，而以金银花为别名；而张景岳的《本草正》、汪昂的《本草备要》、蒋介繁的《本草择要纲目》等则以金银花为正名，而以忍冬为一名，或即忍冬等。它们所列内容都是取材于《本草纲目》。以《本草正》为例：“金银花，一名忍冬。味甘，气平，微寒。善于化毒，故治痈疽、肿毒、疮癣、杨梅、风湿诸毒，诚为要药。毒未成者能散，毒已成者能溃，但其性缓，用须倍加。或用酒煮服，或捣汁掺酒顿饮，或研烂拌酒厚敷。若治瘰疬上部气分诸毒，用一两许，时常煎服极效。”这些内容大都从《本草蒙筌》和《本草纲目》忍冬的内容摘编而成的。到了明末及清代，由于温病学的兴起，温病医家大多喜用轻清药品，金银花气味芬芳，轻清浮散，而且味甘性缓，得到了他们的赏识，在治疗温热病症方面，得到了广泛应用。到清初汪昂的《本草备要》，他虽然取材大多为《本草纲目》忍冬的内容，但他以金银花为药名，而且在功效上他强调“花叶同功，花香为佳”。且在此书的菟丝子条下引有《老学庵笔记》中的应用经验，谓“予族弟，少服菟丝子凡数年，饮食倍常，血气充盛。忽因浴见背肿，随视随长，乃大疽也。适值金银花开，饮至数斤，肿遂消。”随后的张璐的《本经逢原》虽然药名还是用的忍冬，但注明即金银花，而且在其“发明”中强调：“金银花芳香而甘……为内处痈肿之要药……泻中有补，痈疽溃后之圣药”。再往后便有吴仪洛《本草从新》其内容体例，近似《本草备要》，但他在金银花最后记有“近今有以漆花伪银花，为祸最烈，漆花短小梗多，色黑不香为异，亦易辨尔。”忍冬一药最早记载于南北朝时期的《名医别录》，列为上品。谓其：“味甘，温。无毒。主治寒热，身肿。久服轻身，长年益寿。十二月采，阴干”。可见当时的金银花已经成为医家习用之品，以致出现了掺假作伪。

再往后的本草，多以金银花作为药名了，如《本草求真》《本草便读》《本草撮要》等本草书籍，都以金银花作为药名。有些医药书籍如《医宗金鉴》用金银花者73处，而用忍冬者没有；《验方新编》用金银花者97处，而用忍冬者也只有3处。可见至清代中期忍冬已被金银花所替代了。

3. 采收季节

李时珍曰："三四月开花，长寸许……四月采花，阴干；藤叶不拘时采，阴干。"陈嘉谟曰："四月开花，香甚扑鼻。"卢之颐曰："夏采花，秋采叶，冬采藤。"从以花入药的本草记载来看，"忍冬"的花期和开始采收的时间应为农历三至四月，与现代相关文献基本一致。如《中药鉴别手册》载："初夏采摘花蕾，晒干。"《中药志》载："夏初花开放前采收"。《江苏省植物药材志》载："4～6月花蕾长大后，择晴天采收。"《湖南药材手册》载："农历三四月采摘"。《浙江药用植物志》载："芒种前后"等。根据《中国植物志》忍冬属相关药用植物的花期记载，忍冬*L. japonica* Thunb.为"4～6月（秋季亦常开花）"，菰腺忍冬（红腺忍冬）的花期为4～5（6）月，华南忍冬*L. confusa* DC.的花期为4～5月，水忍冬（毛花柱忍冬）*L. dasystyla* Rehd.的花期为3～4月，与古代和现代文献记载较为接近。然而，灰毡毛忍冬*L. macranthoides* Hand.-Mazz.和黄褐毛忍冬*L. fulvotomentosa* Hsu et S. C. Cheng的花期为6～7月，与上述文献有一定差别。

二、道地沿革

自明代以后，开始有"金银花"或"忍冬"的产地记载。明代朱橚的《救荒本草》载："今辉县山野中亦有之"。吴其濬曰："皆中州产也"。《植物名实图考长编》中收录《曲洧旧闻》载："郑许田野间二三月有一种花，蔓庄，其香清远"。陶弘景谓其"藤生，凌冬不凋"。宋代刘文泰所著《苏沈内翰良方》中记载："花初开则色白，经一二日则色黄，故名金银花""可移根庭槛间，以备急"。陶弘景云："今处处皆有"。李时珍亦谓："忍冬在处有之"。民国时期曹炳章的《增订伪药条辨》曰："以河南所产为良……产河南怀庆者为怀密……禹州产者曰禹密……济南出者为济银，亳州出者……更次。湖北广州出者……不堪入药。"另外，清嘉庆《密县志》（公元1817年）即记载该县所产之"金银花鲜者香味甚浓，山中种植者多，颇获利"；新版《密县志》记载"民国八年（公元1919年）密银花出口换取白银八万两"。《中国中药区划》述华北暖温带（黄淮海辽平原）的金银花，来源植物为忍冬*L. japonica* Thunb.，栽培面积达2万亩，产量可在4000多吨，占全国金银花产量的50%以上，1951—1985年，共出口密银花350吨，远销日本、朝鲜、新加坡等地。还记载"山东省是我国金银花主要传统产地之一，栽培历史近200年"。此外，《中药材手册》（1959年）、《中药志》（1960年）、《重庆中药》（1962年）、《中药鉴别手册》（1972年）、广东编写的《中药商品知识》（1984年）、《新编中药志》（2002年）等现代研究文献金银花项下也均有类似的主产地记载。说明古代和近现代"金银花"的主产地应该为河南和山东。山东产量大，占全国总产量的60%以上。山东主产于临沂平邑、费县、苍山、日照，称“东银花”或“济银花”。

河南自古以来都是金银花的主要产区，西晋《博物志》记载“魏地人家场圃所种，藤生，凌冬不凋”。此处所述的古魏地就包括了今河南封丘一带地域，至今仍是我国主要的金银花产区。清嘉庆二十二年《密县志》载“金银花品香味俱佳，山中种植者，颇多受利”的字句。清末医学家曹炳章在《增订伪药条辨》中记载：“金银花产于河南淮（怀）庆者为淮（怀）密，色黄白，软糯而净，朵粗长，有细毛者为佳。禹州产者禹密，花朵较小，无细毛，易于变色，亦佳。”封丘金银花的品种优良，花蕾粗长肥厚，色艳质佳，香气扑鼻，药用效力高。清代禹州、密县的金银花被列为贡品。河南主产于新密、封丘、荥阳、巩县，称“南银花”或“密银花”。

此外，河北巨鹿栽培金银花也有近30年的历史。

三、药材标准

1963年版《中国药典》记载金银花为忍冬科植物忍冬*Lonicera japonica* thunb.的干燥花蕾。1977年、1985年、1990年、1995年、2000年版《中国药典》均记载金银花为忍冬科植物忍冬*L. japonica* Thunb.、红腺忍冬*L. hypoglauca* Miq.、山银花*L. confusa* DC.或毛花柱忍冬*L. dasystyla* Rehd.的干燥花蕾或带初开的花。2005年版《中国药典》开始将金银花药物分条，分为山银花与金银花两种药物。其中金银花为忍冬科植物忍冬*L. japonica* Thunb.的干燥花蕾或带初开的花；山银花为忍冬科植物灰毡毛忍*L. macranthoides* Hand.-Mazz.、红腺忍冬*L. hypoglauca* Miq.或华南忍冬*L. confusa* DC.的干燥花蕾或带初开的花。2010年版《中国药典》在2005年版《中国药典》的基础上，在山银花药物条下补充了黄褐毛忍冬*L. fulvotomentosa* Hsu et S. C. Cheng品种。2015年版《中国药典》与2010年一致，未有变化。

由于金银花、山银花在药用历史、植物形态、药材性状、化学成分等方面存在差异，特别是山银花中含有大量皂苷类成分，如用于生产中药注射剂，则可能存在溶血等安全风险。为了保护公众用药的安全，减少药害事件的发生，国家药典委员会在制定《2005版中国药典设计方案》时，对包括金银花在内的十几种药材，按照“中药材内含成分差别较大的多来源品种逐步分列”的原则，分列到药典之中。鉴于忍冬与灰毡毛忍冬、红腺忍冬、黄褐毛忍冬、华南忍冬区别较大，而后四种成分更为相近，结合本草考证的历史用药情况，决定将金银花恢复至1963年版药典的一种来源，其余归为山银花。

2015年版《中国药典》收载金银花药材质量标准如下。

【性状】 本品呈棒状，上粗下细，略弯曲，长2～3cm，上部直径约3mm，下部直径约1.5mm。表面黄白色或绿白色（贮久色渐深），密被短柔毛。偶见叶状苞片。花萼绿色，先端5裂，裂片有毛，长约2mm。开放者花冠筒状，先端二唇形；雄蕊5，附于筒壁，黄色；雌蕊1，子房无毛。气清香，味淡、微苦（图4-1）。

图4-1 金银花药材

【鉴别】（1）本品粉末浅黄棕色或黄绿色。腺毛较多，头部倒圆锥形、类圆形或略扁圆形，4～33细胞，排成2～4层，直径30～64～108μm，柄部1～5细胞，长可达700μm。非腺毛有两种：一种为厚壁非腺毛，单细胞，长可达900μm，表面有微细疣状或泡状突起，有的具螺纹；另一种为薄壁非腺毛，单细晶胞，甚长，弯曲或皱缩，表面有微细疣状突起。草酸钙簇晶直径6～45μm。花粉粒类圆形或三角形，表面具细密短刺及细颗粒状雕纹，具3孔沟（图4-2）。

（2）取本品粉末0.2g，加甲醇5ml，放置12小时，滤过，取滤液作为供试品溶液。另取绿原酸对照品，加甲醇制成每1ml含1mg的溶液，作为对照品溶液。照薄层色谱法（通则0502）试验，吸取供试品溶液10～20μl、对照品溶液

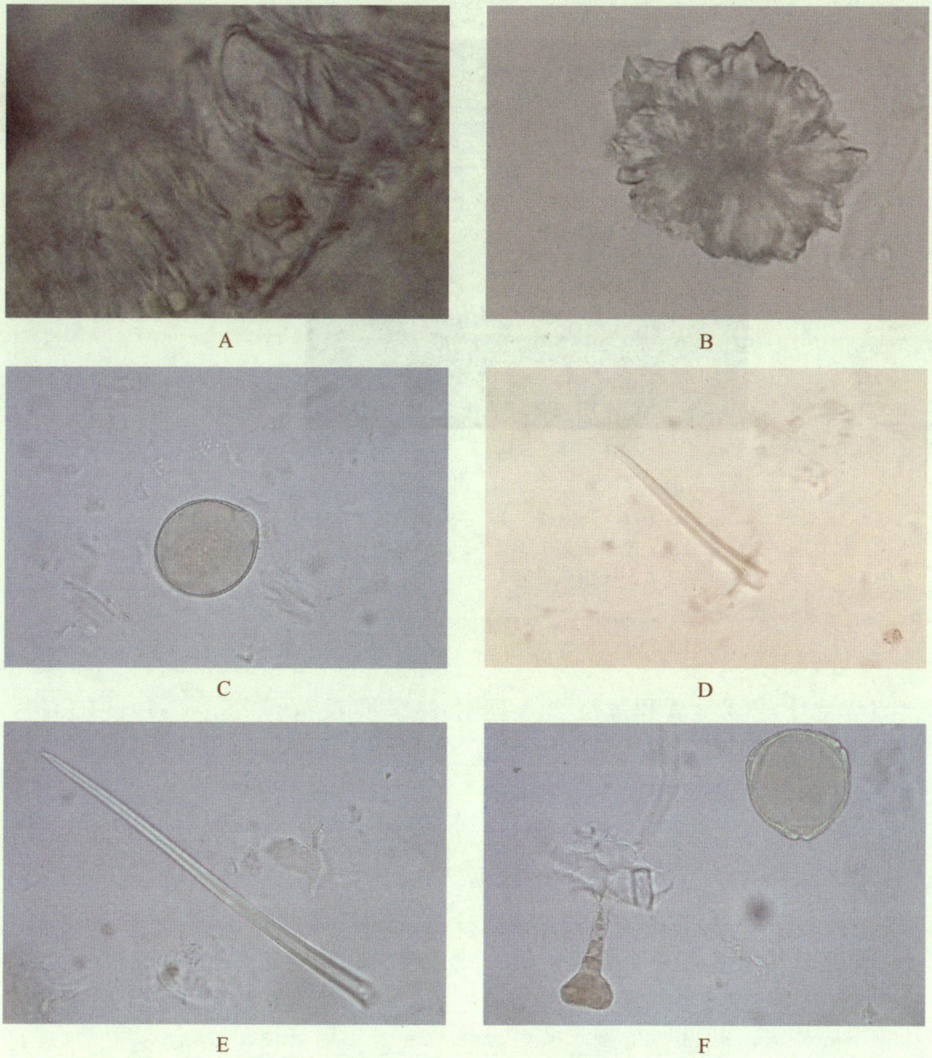

图4–2　金银花显微特征图

A. 花冠表皮细胞　B. 草酸钙簇晶　C. 花粉粒　D. 非腺毛1　E. 非腺毛2　F. 腺毛与花粉粒

10μl，分别点于同一硅胶H 薄层板上，以乙酸丁酯–甲酸–水（7∶2.5∶2.5）的上层溶液为展开剂，展开，取出，晾干，置紫外光灯（365nm）下检视。供试品色谱中，在与对照品色谱相应的位置上，显相同颜色的荧光斑点（图4–3）。

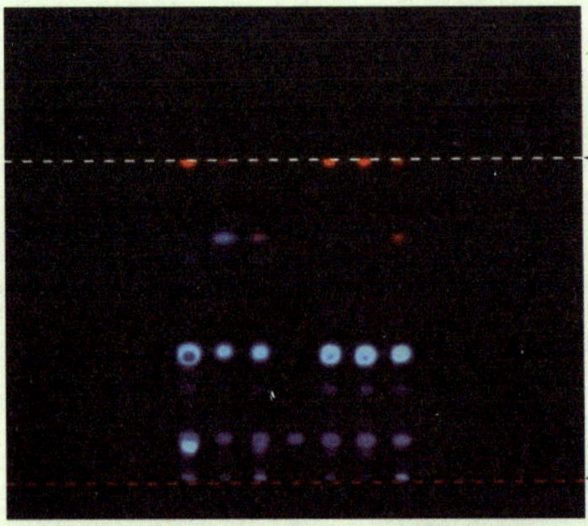

S. 绿原酸
1. 金银花（产于河南新郑）
2. 金银花（产于山东）
3. 金银花（产于山东平邑）
4. 金银花对照药材
5. 金银花（产于山东）
6. 金银花（产于山东漯河）

图4-3 金银花药材薄层色谱图

【检查】 水分 不得过12.0%（通则0832第四法）。

总灰分 不得过10.0%（通则2302）。

酸不溶性灰分 不得过3.0%（通则2302）。

重金属及有害元素 照铅、镉、砷、汞、铜测定法（通则2321原子吸收分光光度法或电感耦合等离子体质谱法）测定，铅不得过5mg/kg；镉不得过0.3mg/kg；砷不得过2mg/kg；汞不得过0.2mg/kg；铜不得过20mg/kg。

【含量测定】 绿原酸 照高效液相色谱法（通则0512）测定。

色谱条件与系统适用性试验 以十八烷基硅烷键合硅胶为填充剂；以乙腈-0.4%磷酸溶液（13∶87）为流动相；检测波长为327nm。理论板数按绿原酸峰计算应不低于1000。

对照品溶液的制备　取绿原酸对照品适量，精密称定，置棕色量瓶中，加50%甲醇制成每1ml含40μg的溶，即得（10℃以下保存）。

供试品溶液的制备　取本品粉末（过四号筛）约0.5g，精密称定，置具塞锥形瓶中，精密加入50%甲醇50ml，称定重量，超声处理（功率250W，频率35kHz）30分钟，放冷，再称定重量，用50%甲醇补足减失的重量，摇匀，滤过，精密量取续滤液5ml，置25ml棕色量瓶中，加50%甲醇至刻度，摇匀，即得。

测定法　分别精密吸取对照品溶液与供试品溶液各5～10μl注入液相色谱仪，测定，即得（图4-4A）。

本品按干燥品计算，含绿原酸（$C_{16}H_{18}O_9$）不得少于1.5%。

木犀草苷　照高效液相色谱法（通则0512）测定。

色谱条件与系统适用性试验　用苯基硅烷键合硅胶为填充剂（Agilent ZORBAX SB-phenyl 4.6mm×250mm，5μm），以乙腈为流动相A，以0.5%冰醋酸溶液为流动相B，按下表中的规定进行梯度洗脱；检测波长为350nm。理论板数按木犀草苷峰计算应不低于20 000。

时间（分钟）	流动相A（%）	流动相B（%）
0～15	10→20	90→80
15～30	20	80
30～40	20→30	80→70

对照品溶液的制备　取木犀草苷对照品适量，精密称定，加70%乙醇制成每1ml 含40μm的溶液，即得。

供试品溶液的制备　取本品粉末（过四号筛）约2g，精密称定，置具塞锥形瓶中，精密加入70%乙醇50ml，称定重量，超声处理（功率250W，频率35kHz）1小时，放冷，再称定重量，用70%乙醇补足减失的重量，摇匀，滤过。精密量取续滤液10ml，回收溶剂至干，残渣用70%乙醇溶解，转移至5ml量瓶中，加70% 乙醇至刻度，即得。

测定法　分别精密吸取对照品溶液与供试品溶液各10μl，注入液相色谱仪，测定，即得（图4-4B）。

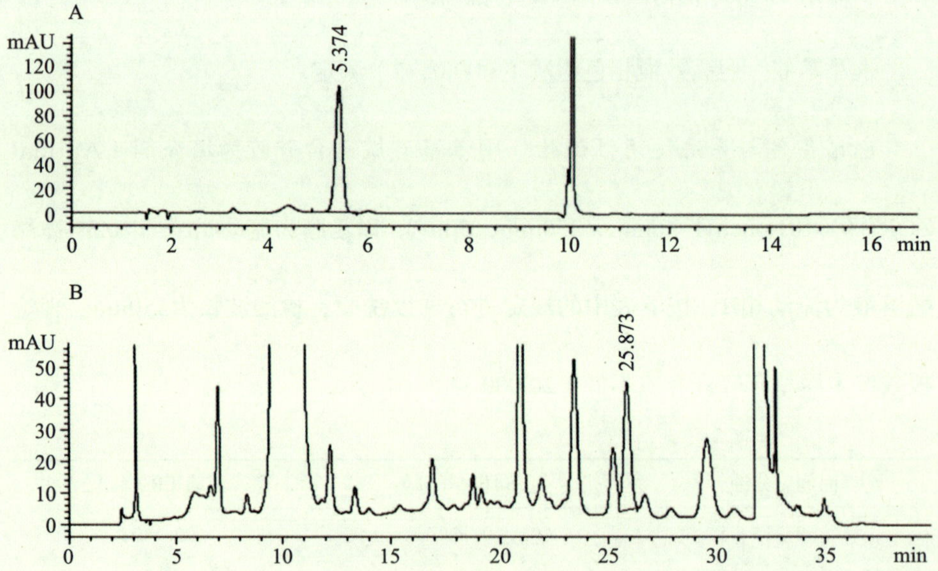

图4-4　金银花对照药材高效液相色谱图

A. 绿原酸　B. 木犀草苷

本品按干燥品计算，含木犀草苷（$C_{21}H_{20}O_{11}$）不得少于0.050%。

【性味与归经】甘，寒。归肺、心、胃经。

【功能与主治】清热解毒，疏散风热。用于痈肿疔疮，喉痹，丹毒，热毒血痢，风热感冒，温病发热。

【用法与用量】6～15g。

【贮藏】置阴凉干燥处，防潮，防蛀。

四、质量评价

1. 不同采收期对药材质量的影响

金银花不同发育阶段绿原酸含量依次为三青>二白>大白>枝端叶>金花>银花。虽然花蕾越幼小其绿原酸含量越高，但药材产量较低，综合考虑以采收二白期花蕾为好。利用SFE-CO_2法提取三青期、二白期、大白期、银花期、金花期阶段的挥发性成分，大白期挥发油萃取率最高。GC-MS分析表明各时期的挥发油中烷烃类化合物的相对含量分别为81.650%、77.282%、73.618%、72.970%和76.824%，酯类化合物的相对含量分别为2.866%、5.423%、4.979%、3.599%和2.769%，甾醇类化合物的相对含量分别为7.166%、6.980%、12.984%、11.324%和8.497%，以及烯烃、酚类化合物等各类化合物以二白期和大白期的相对含量较高。

2. 不同干燥方法对药材质量的影响

彭菊艳等研究了不同干燥技术对大白期金银花花蕾外观性状及内在品质的影响，研究结果表明：微波干燥、蒸后烘干和冷冻干燥所获得的金银花外观品质好；从水溶出物量和醇溶出物量上看，微波干燥、蒸后烘干和晒干技术所获得的溶出物量高；用比色法和HPLC法检测显示，蒸后烘干样品中有效成分绿原酸、总黄酮含量最高，其次是微波干燥法，而烘干样品中含量最低；不同干燥技术对金银花中营养成分游离氨基酸和可溶性糖含量的影响以及对药用有效成分的影响不同，因此金银花作为药材使用时应选择蒸后烘干技术进行初加工；晒干、冷冻干燥和微波干燥3种干燥方法对金银花挥发油主要组分种类没有产生影响，但相对质量分数仍有明显差异，只有晒干的金银花挥发油中检测出了9，19-环化-羊毛甾烯醇，而微波干燥的样品中维生素E含量最高，挥发油中γ-5-谷甾烯-3-醇、5，2-豆甾二烯-3-醇、菜籽甾醇相对含量较其他方法明显高出很多。因此，蒸后烘干和微波干燥技术可作为规模化干燥加工金银花的最佳方法。

五、真伪鉴别

《中国药典》1963年版金银花的基原植物来源只有一种，即忍冬科植物忍冬*Lonicera japonica* Thunb.。1977年版增加了红腺忍冬*Lonicera hypoglauca* Miq.和华南忍冬*Lonicera confuse* DC.。2000年版又新增了毛花柱忍冬*Lonicera* *dasystyla* Rehd.。鉴于实践中金银花、山银花药材在药用历史、来源、性状、化学成分等方面存在差异，经过专业委员会审定，2005年版开始将金银花和山银花分列进入药典目录。金银花是忍冬科植物忍冬的干燥花蕾；山银花为忍冬科灰毡毛忍冬、红腺忍冬或华南忍冬。2010年版一部又增加了黄褐毛忍冬，共4种。2015年版与2010年版相同。因山银花与金银花均是忍冬科植物，在形状和特征等方面存在许多相似之处；同时山银花在销售价格上明显更低。因此在市场和使用上很容易将金银花和山银花混淆，鉴别金银花与其混伪品的方法也在不断发展与完善，归纳如下。

（一）性状鉴别

1.金银花

花蕾饱满，长2～3.5cm，上部膨大处直径约3mm，下部直径约1.5mm。表面黄白色或绿白色，密被短柔毛；体视显微镜下可见表面具多数较长而密集的非腺毛与腺毛，多直立伸展，腺毛柄长；萼筒无毛，萼齿被毛。

2.山银花

（1）灰毡毛忍冬　花蕾细瘦，长3～4.5cm，上部直径约2mm，下部直径约1mm。表面黄色或黄绿色，疏生毛或无毛；体视显微镜下有的可见伏生短非腺毛，非腺毛稀少或近无毛，腺毛少或无，柄短；萼筒无毛，萼齿疏生毛，质稍硬。

（2）红腺忍冬　花蕾多细长，长2～4.5cm，上部膨大处直径1～2mm。表面黄白色至黄棕色，无毛或疏被毛；体视显微镜下有的可见疏生非腺毛，腺毛少，腺头红褐色或浅黄色，蘑菇状，近无柄或具短柄；萼筒无毛，萼齿边缘被毛。

（3）华南忍冬　花蕾长1.6～3.5cm，上部膨大处直径0.5～2mm。表面灰棕色或黄褐色，密被糙毛；体视显微镜下可见多数较长而极密集的非腺毛与腺毛；腺毛极多，柄长；萼筒和萼齿均密被灰白色长糙毛。

（4）黄褐毛忍冬　花蕾呈细棒状，长1.2～3.4cm，上部膨大处直径1.5～2mm，表面淡黄色或黄棕色，密被毛茸；体视显微镜下可见非腺毛较多，贴伏，腺毛多，腺柄较长；萼筒无毛，萼齿条状披针形，被灰白色长糙毛。

（二）显微鉴别

1.金银花

腺毛、非腺毛多而长。腺毛一种头部倒圆锥形，顶端平坦，另一种类圆形或略扁圆形，柄长。厚壁非腺毛极多，表面有微细疣状或泡状突起，有的具单或双螺纹；薄壁非腺毛极多，单细胞，表面有微细疣状突起。花粉粒类圆形或圆三角形，外壁表面有细密短刺及圆形细颗粒状雕纹。草酸钙簇晶散在。

2.山银花

（1）灰毡毛忍冬　腺毛极少，头部多为圆盘形，少有扁圆形，倒圆锥形或类圆形，顶端平坦或微凹，柄短。厚壁非腺毛稍多，单细胞，多数甚短，似角状；薄壁非腺毛少。花粉粒较小。草酸钙簇晶偶见或无。

（2）红腺忍冬　腺毛极多，头部容量瓶形、盾形，顶面观微凹，细胞含红棕色、棕色或淡棕色物；柄部极短或具短柄。厚壁非腺毛极多，多单细胞，少数弯曲呈钩状，长短悬殊；薄壁非腺毛少，多单细胞。花粉粒呈类圆形或三角形，外壁表面较光滑，或具刺及细颗粒状雕纹。具草酸钙簇晶。

（3）华南忍冬　腺毛较多，头部倒圆锥形或盘形，顶端凹陷或平坦，柄部与头部相接处的细胞甚短，基部细胞大多粗长。厚壁非腺毛较多；薄壁非腺毛稍少，单细胞，内外壁平滑。花粉粒类球形，表面具密集的长刺。具微小草酸钙簇晶，较少。

（4）黄褐毛忍冬　腺毛较多，一种头部倒圆锥形或倒卵形，顶端平坦或凹陷，柄部长；另一种较短小，头部倒圆锥形，类圆形或倒卵形。厚壁非腺毛单细胞，表面疣状突起较稀，单或双螺纹较紧密，胞腔多不明显，有时具菲薄横隔。具薄壁非腺毛。草酸钙簇晶棱角细，似针簇状。花粉粒较多。

（三）理化鉴别

李红霞等分别采用HPLC-UV法、HPLC-ELSD法测定不同产地金银花和山银花药材中绿原酸、木犀草苷和灰毡毛忍冬皂苷乙、川续断皂苷乙的含量。结果表明：金银花和山银花中均含有绿原酸，含量均不低于2.0%，其中山银花中绿原酸含量普遍高于金银花。不同地方栽培的金银花中，绿原酸、木犀草苷含量分别在2.227%～2.930%、0.0389%～0.0739%范围内；而山银花中几乎不含木犀草苷；金银花中几乎不含灰毡毛忍冬皂苷乙和川续断皂苷乙。林永强等以灰毡毛忍冬皂苷乙为指标成分，采用HPLC-ELSD的定性鉴别方法发现金银花及其制剂未检出灰毡毛忍冬皂苷乙，山银花及其制剂均检出，说明金银花药材不含灰毡毛忍冬皂苷乙，可以作为金银花和山银花区别的特征成分。

（四）分子鉴定

1.DNA条形码鉴定

DNA条形码是指利用基因组中一段公认标准的、相对较短的DNA片段作为物种标记而建立的一种新的生物鉴定方法，由加拿大分类学家Paul Hebert于2003年首次提出。为了选择合适的分子标记来鉴定金银花及其易混淆种（包括山银花），Sun Z使用DNA条形码鉴定的方法检测44个金银花及其近缘种的样品的7个候选DNA条形码（即rbcL，matK，psbA-trnH，ITS2，ITS，trnL内含子和trnL-F间隔区）。发现最明显的种间差异主要是由基因psbA-trnH间隔区而产生的，并且通过条形码间隙的直方图的检查，发现它可以较好地区分金银花及其近远缘种，从而确定psbA-trnH间隔区的DNA条形码适合用来标识金银花和其近缘种（包括山银花）。

2.位点特异性PCR鉴定

位点特异性PCR鉴定是对已知待鉴别中药与混伪品基因序列进行比对分析，确定正品的特异性变异位。双向位点特异性PCR可用于检测单个位点的核苷酸变异，具有共显性的特点。蒋超等依据金银花trnL-trnF 625位 G/T SNP位点设计快速位点特异性PCR引物，优化位点特异性PCR条件，对金银花及其9种混淆品进行扩增及检测。当在87℃预变性1分钟；87℃变性5秒，68℃延伸5秒，30个循环时，通过加入SYBR Green I染料染色，金银花样品显绿色荧光，混淆品无荧光。整个PCR反应可在30分钟内完成。

中药配方颗粒已失去所有形态学辨识特征，传统鉴定方法无法有效鉴定其真伪。蒋超等使用位点特异性PCR鉴别技术，对金银花基原植物及配方颗粒进行鉴定。经过优化DNA提取方法后，药材与配方颗粒均成功提取到DNA，金银花基原植物及配方颗粒均可扩增获得约110bp的条带，混伪品无条带。且BLAST结果比对证明PCR产物序列为金银花trnL-trnF序列。该研究结果表明，DNA分子鉴定方法可弥补性状、显微鉴别的局限性，对中药配方颗粒真实性进行快速准确的鉴定，为其生产、流通、用药安全提供科学依据和保障（图4–5）。

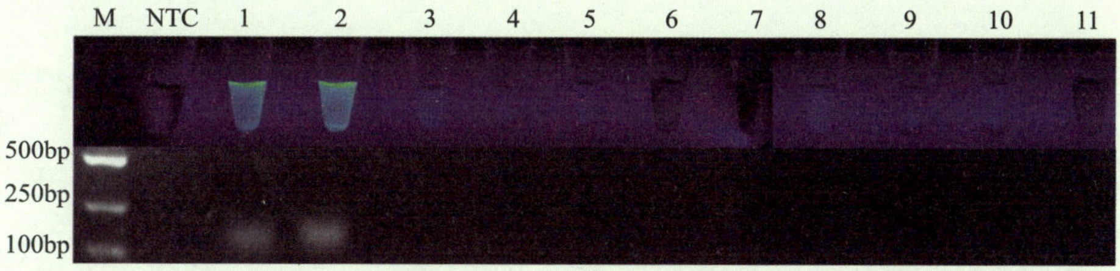

图4–5　快速位点特异性 PCR 鉴别金银花类中药材荧光检测

M. DL 2000 Marker　NTC. 空白对照　1.金银花（山东）　2.金银花（河南）
3.红腺忍冬　4.灰毡毛忍冬　5.华南忍冬　6.黄褐毛忍冬　7.水忍冬
8.金银忍冬　9.郁香忍冬　10.新疆忍冬　11.繁果忍冬

六、商品规格等级

1984年国家中医药管理局与卫生部在国药联材字（84）第72号文附件中规定了金银花的等级标准，按产区、来源将金银花分为密银花、济银花。而密银花、济银花按开放花的数目、色泽、杂质含量等再分为1～4等。以河南密银花品质优，山东济银花产量最大。

1. 密银花

一等：干货。花蕾呈棒状，上粗下细，略弯曲。表面绿白色，花冠厚质稍硬，握之有顶手感。气清香，味甘微苦。无开放花朵，破裂花蕾及黄条不超过5%。无黑条、枝叶、杂质、虫蛀、霉变。

二等：干货。花蕾呈棒状，上粗下细，略弯曲。表面绿白色，花冠厚质硬，握之有顶手感。气清香，味甘微苦。开放花朵不超过5%，黑头、破裂花蕾及黄条不超过10%。无黑条、枝叶、杂质、虫蛀、霉变。

三等：干货。花蕾呈棒状，上粗下细，略弯曲。表面绿白色，花冠厚质硬，握之有顶手感。气清香，味甘微苦。淡绿色或黄白色，花冠厚质硬，开放花朵、黑条不超过30%。无枝叶、杂质、虫蛀、霉变。

四等：干货。花蕾或开放花朵兼有，色泽不分。枝叶不超过3%。无杂质、虫蛀、霉变。

2. 济银花

一等：干货。花蕾呈棒状，肥壮，上粗下细，略弯曲。表面黄、白、青色，气清香，味甘微苦。花蕾黄白色、青色。开放花朵不超过5%。无嫩蕾、黑头、枝叶、杂质、虫蛀、霉变。

二等：干货。花蕾呈棒状，花蕾较瘦，上粗下细，略弯曲。表面黄、白、青色，气清香，味甘微苦。开放花朵不超过15%，黑头不超过3%。无枝叶、杂质、虫蛀、霉变。

三等：干货。花蕾呈棒状，上粗下细，略弯曲。花蕾瘦小，表面黄、白、青色，气清香，味甘微苦。开放花朵不超过25%，黑头不超过15%，枝叶不超过1%。无杂质、虫蛀、霉变。

四等：干货。花蕾或开放的花朵兼有。色泽不分，枝叶不超过3%。无杂质、虫蛀、霉变。

3. 出口品

分甲、乙两级。

甲级：色泽青绿微白，花均匀，有香气，散花不超过2%，无枝、叶，无黑头和油条，身干。

乙级：色泽白绿，花均匀，有香气，散花、枝、叶不超过5%，无黑头及油条。

木箱装：内衬防潮纸，密封，每件净重25kg。

七、贮藏与养护

中药材与中药饮片在贮藏过程中，除了自身特征外，还易受包装及温度、湿度等贮藏条件的影响，包装材料不适宜或贮藏不当，往往会加速有效成分的分解、挥发、潮解等，从而降低药效。金银花很容易发生虫蛀和霉变，如果不能及时出售，宜存放在阴凉干燥避光处，温度30℃以下，相对湿度70%～75%。商品安全水分8%～10%。受潮易生霉、变色、虫蛀。吸潮品颜色变深，弹力减弱，手捏成团，严重时出现霉斑。贮藏期间，商品要先进先出，以保持色泽鲜艳。在贮藏过程中如出现潮湿或发霉可采取阴干或晾晒的方法，也可以用文火缓缓烘焙，切忌暴晒，以防变色。晾晒或烘烤干燥后，要待其回软才能包装。否则，花朵易破碎，影响等级和质量。

较大量药材的保管储藏，应先装入塑料袋内，再放入密封的纸箱中，少量贮存可趁热置于缸坛中密封。产区群众常把晒干后的药材装入塑料袋，把缸晒热，将袋装入缸内，埋在干燥的麦糠中，可贮存一年不受虫蛀，并能基本保持原品色泽。薛志平等采用HPLC测定金银花中绿原酸的含量来预测有效期。结果显示金银花在25℃下有效期为1.29年。

在贮藏过程中，引起金银花虫蛀的害虫主要有两类，一类是甲虫类的烟草甲、药材甲和锯谷盗，这些虫形体小，喜阴湿环境，一般在药材内部危害，危害较轻；另一类是螟蛾类害虫，能使金银花出现明显的虫蛀孔洞，造成花蕾中空、破碎、丧失香气，危害比较严重。可通过密封、防潮、降氧、日光暴晒高温杀虫、自然冷冻低温杀虫。也可以通过药剂熏蒸杀虫，通常使用氯化铝熏蒸，氯化铝有较强的扩散性和渗透性，散气快，有强烈的杀虫作用。

第5章

金银花现代研究与应用

一、化学成分

有关金银花及同属植物的化学成分研究有很多报道，从金银花中分离鉴定的化学成分类型较多，已鉴别出的就有70多种，研究表明金银花富含有机酸、挥发油、黄酮类、三萜皂苷类、环烯醚萜类、微量元素等成分。近年来，随着分离、纯化技术手段的发展，从金银花中又发现了很多新的化学成分，概述如下。

（一）有机酸类

有机酸类被认为是金银花清热解毒的药理基础，目前鉴定出的有机酸主要包括绿原酸、异绿原酸、咖啡酸、3，5-二咖啡酰奎尼酸、棕榈酸，前3者是金银花的主要活性成分。绿原酸是一种多酚类化合物，在忍冬属植物中普遍存在，是植物在进行有氧呼吸过程经桂皮酸途径（cinnamic acid pathway）形成的一种苯丙素类化合物，可由奎尼酸和咖啡酸缩合而成；而异绿原酸则为一混合物，它有7种异构体，分别为3, 5-二咖啡酰奎尼酸、4, 5-二咖啡酰奎尼酸、1, 3-二咖啡酰奎尼酸、3, 4-二咖啡酰奎尼酸、3-阿魏酰奎尼酸、4-阿魏酰奎尼酸和5-阿魏酰奎尼酸；咖啡酸是绿原酸的水解产物，而3，5-二咖啡酰奎尼酸为其主要成分。

（二）挥发油类

挥发油是金银花的主要有效成分之一，也是疏散风热主要药效物质基础，目前从金银花挥发油中分离鉴定出的化学成分多达数十种，吴元鎏等对山东金银花通过气质联用分离出芳樟醇、双花醇。王国亮等从河南栽培的金银花的花蕾挥发油中共鉴定出27种成分，多为单萜及倍半萜类化合物。张玲等从山东金银花主流品种鸡爪花和大毛花干品挥发油中分别鉴定出65种和59种成分，主要有芳樟醇、棕榈酸酯、亚油酸、亚麻酸、肉豆蔻酸等。其中萜类化合物是挥发油中的主要有效成分，其主要结构类型为：单萜、倍半萜。因产地不同化学成分略有差异，金银花干花、鲜花成分差异较大。鲜花挥发油成分以芳香醇为主，含量高达14%以上，其他成分多为低沸点的不饱和萜烯类成分。而干花挥发油成分以棕榈酸为主，一般占26%以上，芳樟醇含量仅在0.39%以下。黄褐毛忍冬花不同加工样品挥发油分析结果表明生晒、炒晒和蒸晒金银花制品主要成分相同，均为芳樟醇、香叶醇、松油醇但含量不同，以炒晒品为最高。

（三）黄酮类

黄酮类化合物是许多中草药的药效成分。金银花中的黄酮类化合物主要为黄酮和双黄酮，其中分离鉴定的黄酮类化合物有 5，7–二羟基黄酮、5–羟基–7，4′–二甲氧基黄酮、5–羟基–7，3′，4′–三甲氧基黄酮、5–羟基–7，3′，4′，5′–四甲氧基黄酮、3′，4′，5′，5，7–五甲氧基黄酮、木犀草素、3′–甲氧基木犀草素、5，3′–二甲氧基木犀草素、木犀草素–7–*O*–*β*–D–葡萄糖苷、木犀草素–7–*O*–*β*–D–半乳糖苷、木犀草素–5–*O*–*β*–D–葡萄糖苷、木犀草素–3′–*O*–L–鼠李糖苷、金圣草黄素、金圣草素–7–*O*–新橙皮苷、忍冬苷、山柰酚–3–*O*–*β*–D–葡萄糖苷、芹菜素–7–*O*–*α*–L–鼠李糖苷、槲皮素、槲皮素–3–*O*–*β*–D–葡萄糖苷、槲皮素–7–*O*–*β*–D–葡萄糖苷、金丝桃苷、苜蓿素–7–*O*–*β*–D–葡萄糖苷、苜蓿素–7–*O*–新橙皮苷、flavoyadorinin B、rhoifolin和芦丁。其中黄丽瑛等从山东济宁产的金银花中首次分得corvmbosin和5–羟基–3′，4′，7–三甲基黄酮。姜南辉等首次从该属植物中分离得到咖啡酸乙酯、5–羟基–6，7，8，4′–四甲氧基黄酮、月桂酸乙酯。黄雄等对不同种金银花中的多种黄酮类化合物进行了HPLC测定，其中包括芦丁、金丝桃苷、木樨草素7–*O*–*β*–D–半乳糖苷、木犀草素–7–*O*–新橙皮糖苷、槲皮素7–*O*–*β*–D–葡萄糖苷、槲皮素3–*O*–*β*–D–葡萄糖苷等8种黄酮，说明金银花中含有多种黄酮类成分。

（四）三萜类

陈敏等分别从金银花中依次分离出一种含有6个糖基的三萜皂苷和两种新的双咖啡酰基奎尼酸酯化合物。冯卫生等首次从金银花中分离出3′–甲氧基木犀草素，5，3′–二甲氧基木犀草素，木犀草素–5–*O*–*β*–D–葡萄糖苷等11个化合物。茅青等、娄红祥等从金银花水溶性部分分离得到3个具有保肝活性的三萜皂苷，分别为3–*O*–*α*–L–吡喃鼠李糖基–（1→2）–*α*–L–吡喃阿拉伯糖基–28–*O*–*β*–D–吡喃木糖基–（1→6）–*β*–D–吡喃葡萄糖酯、3–*O*–*α*–L–吡喃阿拉伯糖基–28–*O*–*α*–L–吡喃鼠李糖基–（1→2）–[*β*–D–吡喃木糖基–（1→6）]–*β*–D–吡喃葡萄糖酯和3-O-α-L-吡喃鼠李糖基-（1→2）-α-L-吡喃阿拉伯糖基-28-O-α-L-吡喃鼠李糖基-（1→2）-[β-D-吡喃木糖基-（1→6）]-β-D-吡喃葡萄糖酯。陈昌祥等从金银花中分得6个化合物，分别为3-O-β-D-吡喃葡萄糖基（1→4）-β-D-吡喃葡萄糖基（1→3）-α-L-吡喃鼠李糖基（1→2）-α-L吡喃阿拉伯糖基-常春皂苷元-28-O-β-D-吡喃葡萄糖基（1→6）-β-D-吡喃葡萄糖酯、常春皂苷元-3-O-α-L-吡喃鼠李糖基（1→2）-α-L-吡喃阿拉伯糖苷、3-O-α-L-吡喃鼠李糖基（1→2）-α-L-吡喃阿拉伯糖基-常春皂苷-28-O-β-D-吡喃木糖基（1→6）-β-D-吡喃葡萄糖酯、3-O-α-L-吡喃鼠李糖基（1→2）-α-L-吡喃阿拉伯糖基-常春皂苷元-28-O-β-D-吡喃葡萄糖基（1→6）-β-D-吡喃葡萄糖酯、3-O-α-L-吡喃鼠李糖基（1→2）-α-L-吡喃阿拉伯糖基-常春皂苷元-28-O-α-L-吡喃鼠李糖基（1→2）-β-D-吡喃木糖基（1→6）-β-D-吡喃葡萄糖酯和3-O-β-D-吡喃葡萄糖基（1→3）-α-L吡喃鼠李糖基（1→2）-α-L-吡喃阿拉伯糖基-常春皂苷元-28-O-β-D-吡喃葡萄糖基（1→6）-β-D-吡喃葡萄糖酯，其中3-O-β-D-吡喃葡萄糖基（1→4）-β-D-吡喃葡萄糖基（1→3）-α-L-吡喃鼠李（1→2）-α-L-吡喃阿拉伯糖基-常春皂苷元-28-O-β-D-吡喃葡萄糖基（1→6）-β-D-吡喃葡萄糖酯为新化合物，命名为新常春皂苷F。

（五）环烯醚萜苷类

从金银花中分离得到60多个环烯醚萜类化合物，包括闭环环烯醚萜、裂环环烯醚萜和环烯醚萜苷的含氮化合物等。其中闭环环烯醚萜类有马钱素（loganin）、7-表马钱素（7-epiloganin）、8-表马钱素（8-epiloganin）、番木鳖酸（loganic acid）、马钱素-7-酮（ketologanin）；裂环环烯醚萜类有裂环马钱素（secologanin）、裂环马钱素二甲缩醛（secologanin dimethyl acetal）、獐芽菜苷（sweroside）、7-O-ethyl sweroside、裂环马钱苷-7-甲酯（secologanoside-7-methyl ester）、金吉苷（kingiside）、7*α*-莫诺苷（7*α*-morroniside）、7*β*-莫诺苷（7*β*-morroniside）、去氢莫诺苷（dehydromorroniside）、沃格闭花木苷（vogeloside）、表沃格闭花木苷（epivogeloside）、裂环氧化马钱素（secoxyloganin）、secoxyloganin7-butyl ester、裂环马钱酸（secologanic acid）、裂环马钱苷（secologanoside）、裂环马钱子苷A（secologanoside A）、dimethyl secologanoside、adinoside A、stryspinoside、loniceracetalide A、loniceracetalide B、loniphenyruviridoside A～D。

Machida等从金银花中分离到L-phenylalaninosecologanin、7-*O*-（4-*β*-D-glucopyranosyloxy-3-methoxy benzoyl）secologanolic acid、6′-*O*-（7*α*-hydroxyswerosyloxy）loganin、（*Z*）-aldosecologanin和（*E*）-aldosecologanin。李会军等从金银花中分离得到一个新的裂环环烯醚萜苷，命名为dehydromorroniside。该化合物为忍冬属中发现的第3个morroniside型裂环环烯醚萜苷。

（六）甾醇与脂肪醇类

金银花中目前鉴定出的醇类（挥发油中除外）主要包括β–谷甾醇、胡萝卜苷、肌醇、二十九烷醇等。

（七）糖类

金银花含糖量很高，不但含有葡萄糖等单糖，还含有蔗糖等多糖类化合物。

（八）微量元素

金银花中含有丰富的微量元素，对人体健康十分有益。吕琳琳等采用电感耦合等离发射光谱法测定了金银花中Na、Ca、Fe、Mn、Zn、Cu 6种微量元素。

金银花中化学成分复杂，因而影响金银花及其制剂品质的因素较多。目前金银花主要以绿原酸和木犀草苷为指标，但绿原酸和木犀草苷并不代表金银花的全部成分，且不是金银花所专属，所以有必要从多个方面对金银花进行质量控制，如进行指纹图谱等研究，为金银花及其制剂提供综合的和可量化的质量评价方法。深入研究金银花的化学成分、提取工艺及其质量控制等将会对金银花的药用成分筛选、生物活性研究、药理作用等奠定一定基础，对其进一步的临床应用与新药开发具有重要的指导意义。

二、药理作用

金银花为历史悠久的中国传统中药，具有“药铺小神仙”之称，其性寒，味甘，入心、肺、胃经。具有清热解毒、通经活络、健脑明目、疏散风寒之功效，用于痈肿疔疮，喉痹，丹毒，热血毒痢，风热感冒，温病发热。《本草纲目》记载金银花能治“一切湿气、诸肿毒、痈疽疥癣、散热解毒”。它还具有保健价值,《本草纲目》记载金银花“久服轻身，延兰益寿”。夏秋服用金银花茶能防暑降温、降脂减肥、养颜美容。几千年传统经验及近代药理实验和临床应用都证明金银花对于多种致病菌有较强的抗菌作用和较好的治疗效果，其具有抑菌、抗病毒、解热、抗炎、保肝、止血、抗氧化、抗生育等多种药理作用。金银花的药理研究概述如下。

（一）抑菌，抗病毒作用

实验研究结果表明金银花对多种致病菌均有一定的抑制作用，包括金黄色葡萄球菌、溶血性链球菌、大肠埃希菌、痢疾杆菌、霍乱弧菌、伤寒杆菌、副伤寒杆菌，对肺炎球菌、脑膜炎双球菌、铜绿假单胞菌、结核杆菌亦有效，水浸剂比煎剂作用强。金银花水煎剂（含生药量10mg/ml）有细胞外对柯萨奇病毒及埃柯病毒有很明显的抑制作用。另外，金银花还有一定的抗猴免疫缺陷病毒（SIV）的作用，浓度为1：320，抑制率为23.88%。孙廷波等采用金银花水提液对口腔病原性微生物体外抑菌实验发现，金银花水提液对引起龈病的变形链球菌，放射黏杆菌及引起牙周病的产黑色素类杆菌，牙龈炎杆菌及半放线嗜血菌均显示较强的抑菌活性，其中在6.25mg/ml情况下其抑菌宜为87.5%。用金银花提取液对不同浓度血清型变形球菌进行实验，结果显示最低抑菌浓度在25mg/ml以下者占95.8%，而且最低杀菌浓度一般明显高于抑菌浓度。董杰德等采用四种中草药对抗柯萨奇及埃柯病毒的实验表明，金银花具有细胞外抑制Coxsackie β_3病毒及ECHO 19型病毒的作用。金银花水煎剂对流感病毒、孤儿病毒、疱疹病毒增多有抑制作用。关于金银花抑菌有效成分一般认为是绿原酸类化合物。但亦有资料显示，除绿原酸外还有其他抑菌成分存在。

（二）解热，抗炎以及对免疫系统的作用

对金银花解热、抗炎、免疫等实验研究结果表明，其水煎液、口服液和注射液对角叉菜胶、三联菌苗致热有不同程度的退热作用，对蛋清、角叉菜胶、二甲苯所致足水肿亦有不同程度的抑制作用，另外还能明显提高小鼠腹腔巨噬细胞吞噬巨红细胞的吞噬百分率和吞噬指数，并显著提高血清凝集毒物的抗体基数水平，从而证明其临床作为清热解毒剂治疗感染性疾病主要是通过调节机体的免疫功能而实现的。另外，动物实验表明金银花水提液能显著促进白细胞的吞噬功能，使受损伤淋巴细胞接受抗原信息功能提高到正常水平，使受损淋巴细胞反应恢复正常，还能显著增强IL-2的产生，使受损淋巴细胞抗体产生能力显著增强。硝酸铈与金银花合用对烫伤小鼠细胞免疫的调理作用较单用金银花效果更好。小鼠腹腔注射金银花注射液也有明显促

进炎性细胞及吞噬细胞功能的作用，对烫伤小鼠免疫受抑状态有不同程度的好转。

（三）利胆保肝作用

金银花所含多种绿原酸类化合物具有显著的利胆作用，可以增进大鼠胆汁分泌。动物实验表明，金银花中的三萜皂苷对四氯化碳引起的小鼠肝损伤有明显的保护作用，时京珍等采用黄褐毛忍冬总皂苷对对乙酰氨基酚所致小鼠肝脏毒性的保护作用实验表明，黄褐毛忍冬总皂苷明显减轻肝脏损伤的严重程度，金银花中的三萜皂苷也具有相同的作用。刘亚平等在黄褐毛忍冬总皂苷对醋氨酚所致肝损伤的保护作用试验中发现黄褐毛忍冬总皂苷对镉所致小鼠急性肝损伤有明显的保护作用。

（四）抗氧化作用

金银花对烫伤小鼠中性粒细胞释放过氧化氢有一定程度的改善作用，能使烫伤小鼠中性粒细胞合成和释放溶酶体酶的能力相应减少，说明其具有抗氧化反应的作用。龙京盛等利用H_2O_2-CTMAB-鲁米诺发光体系研究证明，金银花水提物在体外对H_2O_2具有直接的消除作用，且呈线性量效关系，但在体内是否也有或间接发挥作用，尚待进一步研究。

（五）中枢兴奋等作用

动物实验研究结果表明，金银花中所含绿原酸可引起大鼠、小鼠中枢神经系统兴奋。口服大剂量绿原酸能增加胃肠蠕动，促进胃液及胆汁分泌。此外绿原酸还能轻微增加肾上腺素及去甲肾上腺素对猫与大鼠的升压作用。

（六）抗肿瘤作用

金银花具有细胞类抗肿瘤作用，诱导癌细胞分化，抗癌侵袭、转移作用，抗信息传递，转移肿瘤的多药耐药性，抑制端粒酶活性，作为抗癌性增效剂以及抗癌性疼痛等作用，在肿瘤疾病预防中具有非常大的潜能和前景。

（七）降血脂作用

金银花能显著降低多种模型小鼠血清胆固醇（Tc）及动脉粥样硬化指数，提高高密度脂蛋白、胆固醇（HDL-c）含量。金银花有降血脂、保护胰腺β细胞及弱降糖作用。

（八）止血作用

金银花炭水煎液、混悬液具有显著的止血作用，且混悬液的作用强于水煎液。金银花炭中鞣质的含量仅为生品的1/2，但其止血作用却明显高于生品。金银花炭水煎液、混悬液具有显著的止血作用，且混悬液的作用强于水煎液。但其中的鞣质并非金银花炭止血作用的唯一物质基础。绿原酸不耐高温，长时间加热会受到破坏而使药效降低；传统上止血用银花炭，可能与此有关。

（九）抗生育作用

袁毅君等报道了金银花抗生育作用的研究，结果表明金银花乙醇提取后之水煎液浸膏，对小鼠、狗、猴等多种动物有明显的终止妊娠作用，尤其对小鼠、狗有显著的抗早孕作用，并观察了金银花提取物对妊娠小、大鼠不同孕期的影响，探讨了其抗早孕作用的机制。

（十）抗内毒素

采用凹片法和试管法对金银花注射液的抗内毒素作用进行研究，结果表明金银花对绿脓杆菌内毒素腹腔注射的小鼠有保护作用，减少小鼠死亡率。

（十一）抗过敏作用

李斐等研究结果显示，在热不稳定PCA（被动皮肤过敏反应）中，采用OVA（卵清蛋白）致敏小鼠可使OVA特异性IgE升高。高、中浓度金银花水提物组小鼠耳廓注入同种抗血清后，其耳廓浸液的OD值低于对照组，提示金银花可能通过降低特异性IgE而有抗过敏作用，但低浓度组作用不明显。在热稳定PCA反应中，各组OD值均无明显改变，即金银花水提物对特异性IgG1无明显影响。热不稳定和热稳定PCA实验，提示金银花水提物可能通过减少抗OVA特异性IgE抗体的产生，从而对抗Ⅰ型变态反应。另外，金银花高、中浓度组对过敏小鼠小肠炎症有明显缓解作用（小肠HE染色），对OVA介导的小肠肥大细胞脱颗粒和聚集现象也有缓解（甲苯胺蓝染色），提示抑制肥大细胞的组织胺释放可能是金银花水提物的抗炎机制之一。小川优子研究发现，金银花35%乙醇提取物的水溶液具有显著的预防过敏活性。

（十二）毒副作用

金银花毒性低，水浸液灌服对家兔、犬等无明显毒性反应，对呼吸、血压、尿量均无影响，小鼠皮下注射金银花浸膏的LD_{50}为53g/kg。不同产地、不同制法的金银花口服的LD_{50}在67.57～81.75g/kg之间。金银花急性、亚急性毒性实验结果表明，其LD_{50}为（100 ± 12.9）g/kg，使用是安全的。山银花黄褐毛忍冬总皂苷皮下注射对小鼠的LD_{50}为1.08g/kg，中毒症状为自发活动减少，呼吸抑制而死亡。0.125%的黄褐毛忍冬总皂苷有轻度的溶血作用，溶血指数为1∶400，但1%的黄褐毛忍冬总皂苷溶液对兔眼结膜及皮下均无刺激作用。

（十三）其他作用

绿原酸还具有致敏原作用，可引起变态反应，但口服无此反应，因绿原酸可被小肠分泌物转化成无致敏活性的物质。

关于抗早孕，虽然药理研究显示金银花有抗早孕作用，但临床上从未观察到和报道过该药有影响生育的情况，因为其抗早孕作用可被内源性和外源性雌性激素所消除。实验研究与临床疗效不一致，反映了中药研究的复杂性。实验研究如果脱离临床，就成为无根之木、无水之源，这种实验结果也是没有临床意义的。金银花的多种药理活性已广泛运用于临床实践中，并取得较好疗效。深入研究金银花的药理活性、作用机制、构效关系、毒理学、复方制剂等，对临床运用具有重要的指导意义。

三、应用

（一）临床应用

据《中药现代化研究与应用》第3卷收载，金银花可用于预防和治疗呼吸道感染、细菌性感染、急性扁桃腺炎、高热症、梅核气（慢性咽炎）、小儿肺炎、腮腺炎、小儿风疹、矽肺合并肺部感染、阑尾炎、阑尾脓肿、钩端螺旋体病、乳腺炎、急性肾盂肾炎、胆汁反流性胃炎、肝炎、急性肠炎、细菌性痢疾、慢性肠炎、急性阿米巴痢疾、妊娠早期急性尿路感染慢性附件炎、高脂血症、慢性骨髓炎、复发性口疮、皮肤病、压疮、肿瘤放疗、化疗口干症等40多个病种。研究发现，金银花中有机酸类化合物有抗ADP诱导的血小板聚集作用，绿原酸的同分异构体（2个）、咖啡酸、异绿原酸类（3个）IC_{50}分别为0.0286、1.707、2.411、0.026、0.328、0.539mg/ml；对H_2O_2损伤咖啡酸和异绿原酸类成分均具有明显抗损伤作用，且有剂量依赖性，绿原酸虽然未观察到直接对抗作用，但具有预防性保护作用。由此可见，金银花有机酸类成分在血栓性血管病治疗中具有潜在价值。

现临床应用复万金银花制剂的频率较高，临床时有报道复方金银花制剂引起不良反应。金银花药理作用多样，化学成分复杂，深入研究金银花的化学成分及各类成分的药理活性、构效关系。对进一步的临床应用具有重要的指导意义。

（二）医药上的应用

金银花有多种药理作用，金银花提取液可制成金银花注射液、银黄注射液、双黄注射液、双黄连粉、金银花流浸膏等多种形式的制剂。金银花还可与多种药物配伍用来治疗小儿鹅口疮以及心血管疾病，如高血压、高血脂等各类炎症，如消化道炎症、泌尿系统感染、呼吸道炎症等病毒性疾病，如腮腺炎以及各种皮肤病等近40种病症。最近报道，德国Free大学Eich教授在研究有些植物次生代谢物作为抗逆转录病毒剂时，认为金银花中富含的绿原酸（CHA）是有希望的抗艾滋病毒（HIV）的先导化合物。金银花还是抗禽流感的首选药物之一。金银花对手足口病的预防和治疗也起着一定的作用。此外，金银花制剂有降甘油三酯、改善冠状动脉供血等作用，把金银花制成眼药水治疗眼科急性炎症，用金银花煎剂治疗荨麻疹，用金银花膏剂涂擦治疗子宫颈糜烂均有一定疗效。

（三）保健食品中的应用

1. 金银花茶与金银花饮料

金银花植物除药用外，由于其枝藤攀援，花期较长，叶形娇美，故可用作城市园林绿化植物，其花香粉多，又是较好的蜜原植物，花与叶由于富含挥发油、黄酮类，可代茶饮用，是消暑解渴的佳品。其经过一定工艺处理后，制成金银花茶可降脂减肥、清热解毒、消除体内毒素。金银花做成饮料不仅具有清凉解渴作用，而且具有独特的保健功能，既方便饮用，又满足人们的保健要求，受到消费者的欢迎。

2. 金银花酒

以金银花为主要原料，选用优质高粱曲酒，再辅以丹参、红花、木瓜、牛膝、冰糖等原料精制而成的保健白酒，具有活血通脉、益气通络、宁气止痛之功效，对风湿、关节痛、腰腿痛、跌打损伤等具有良好的治疗和保健作用。使用金银花代替部分啤酒花为香料，生产出来的啤酒具有明显的金银花、啤酒花香味，口味纯正清爽，苦味低而不淡。

孔瑾等在传统黄酒加工工艺的基础上添加金银花浓缩液，经科学调配制成一种新型保健饮品，该饮料富含黄酮类及多酚类物质，色泽浅棕黄，味甜，风味独特，芳香宜人。

（四）化妆品和日用保健品中的应用

1. 洗浴剂及化妆品

用水蒸气蒸馏法提取芳香性挥发油和用溶剂提取的金银花有效成分，加入到洗浴剂及化妆品中，对皮肤没有伤害，可使泡沫丰富、香味柔和，可清除污垢、清洁皮肤，使皮肤保持较高的含水量，增强皮肤活力，达到延缓皮肤衰老的作用。对脂溢性皮炎，皮肤炎症有一定的疗效。

2. 日用保健品

据报道，目前已有用金银花的藤、叶、花蒸馏取露，称“金银花露”，也可用来预防小儿痱子，还有制成银仙牙膏、忍冬花牙膏均受到广大消费者的欢迎。

（五）饲料添加剂

金银花中丰富的氨基酸、葡萄糖和维生素、微量元素是良好的饲料营养成分。金银花主要药效成分绿原酸等有抗菌消炎的作用，对兔、鸡等牲畜有防病治病的功效。金银花作为饲料添加剂具有广阔的前途。

（六）重要试剂

绿原酸是一种重要试剂，在生化、药化、医学等方面具有广泛的用途，国外供提取绿原酸的主要原料生咖啡豆中的含量是6.3%左右，我国山东的济银花和河南的密银花绿原酸含量也达到了这一水平，在我国中南山区野生的一些种群中，绿原酸的含量要比生咖啡豆高得多，可见在忍冬属内存在很多可供提取绿原酸的原植物资源。

（七）其他用途

金银花做成糖果可以消炎止痛、润喉护嗓，赋予传统糖果新的生命力。若将金银花、芦根煮汁加入冰淇淋配料中，即可制成具有清热解毒，生津止渴的冰淇淋产品。金银花还具有生态效益，可用于保持水土，改良土壤，调节气候，在平原沙丘栽植可以防风固沙，防止土壤板结，减少灾害。金银花被列为“退耕还林、还草”工程中的先锋树种。在一些城市的街头绿化中，也有把金银花作为绿化树种的，既可以作为长年开花观赏树种，又可以提供药用价值。

现如今，金银花在多种中药制剂中得以应用。关于清热解毒复方的使用金银花是传统中医最常用的抗感染药，虽然抗菌药力不是很强，但具有消除内毒素的作用，其解毒功效更加受到中医者重视。古人为了加强清热解毒的力度，先后拟定了仙方活命饮、银花解毒汤、五味消毒饮等复方，其中银花解毒汤主药即为金银花，主要治疗湿热火毒、疔疮初起；集中了许多清热解毒药和活血化瘀药，如野菊花、紫花地丁、黄连、牡丹皮、白芷、天花粉、皂角刺等，以加强抗感染和增强免疫的力度，以及改变血管通透性以助消除水肿渗出。随着研究的不断深入，金银花将在抗菌抗病毒临床治疗中显示出更明显的药用价值。

参考文献

[1] 杨俊杰，李娟．河南金银花产地生产状况调查［J］．时珍国医国药．2011，22（4）：974-975.

[2] 赵素菊，周广亮，高殿华．封丘金银花生产与气候条件的关系［J］．河南气象，2006，4：58-59.

[3] 张燕，王文全，郭兰萍，等．不同采收期金银花的产量和质量研究［J］．中草药，2013，18（44）：2611-2614.

[4] 宋健，张会敏，石俊英．金银花最佳产地加工方法——杀青烘干干燥法［J］．中药材，2008，31（4）：489-491.

[5] 苟占平，万德光．金银花名实考证［J］．中药材，2005，6（32）：517-518.

[6] 汪冶，文慧玲，梅树模，等．灰毡毛忍冬应作为正品金银花的植物来源［J］．中国中药杂志，2008，33（3）：341.

[7] 汪冶，文慧玲，梅树模，等．《中国药典》2005年版金银花和山银花品种分列的商榷［J］．时珍国医国药，2009，20（1）：150.

[8] 汪冶，肖聪颖，田兰，等．金银花本草考证的商榷［J］．中国中药杂志2010，35（8）：1086.

[9] 苟占平，万德光．《本草纲目》和《植物名实图考》中”忍冬”种的商榷［J］．时珍国医国药，2012，23（2）：511.

[10] 李钟文，李卫真．忍冬、金银花出典的考证［C］．南京：第三届临床中药学学术研讨会，2010.

[11] 陶弘景．本草经集注［M］．辑校本．尚志钧，尚元盛辑校．北京：人民卫生出版社，1994：238.

[12] 苏敬．新修本草［M］．辑复本．尚志钧，辑校．合肥：安徽科学技术出版社，1981：178.

[13] 张邦基．墨庄漫录［M］．孔凡礼点校．//唐宋史料笔记丛刊（与过庭录、可书合刊）．北京：中华书局，2002：126.

[14] 苏轼，沈括．苏沈良方［M］．//伊广谦．中医方剂名著集成．北京：华夏出版社，1998：41.

[15] 朱弁．曲洧旧闻［M］．孔凡礼，点校．北京：中华书局，2002：101.

[16] 朱橚．救荒本草校释与研究［M］．王家葵，张瑞贤，李敏，校注．北京：中医古籍出版社，2007：205.

[17] 李时珍．本草纲目［M］．刘衡如，刘山永，校注．北京：华夏出版社，2002：907.

[18] 张卫，黄璐琦，李超霞，等．金银花品种的本草考证［J］．中国中药杂志，2014（10）：4268.

[19] 李钟文，李卫真．忍冬、金银花的功效、品种、产地和药用部位本草考证［C］．第六次临床中药学学术年会暨临床中药学学科建设经验交流会论文集，2013．

[20] 康帅，张继，魏爱华，等．金银花的本草再考证［J］．药物分析杂志，2014，34（11）：1922-1926．

[21] 邢俊波，李会军，李萍，等．忍冬花蕾化学成分研究［J］．中国新药杂志，2002，11（11）：856-859．

[22] 张小光．金银花水溶性化学成分研究［D］．咸阳：陕西中医学院，2007．

[23] Iwanhas H，Negoro Y，Ikeda A，et al．nhibition by chlorogenicacid of haematin-catalysed retinoic acid 5，6-epoxidation［J］．J Bioch，1986，239：641-646．

[24] 吴元鎏，方洪矩．金银花挥发油化学成分研究［J］化学学报，1980：38（6）：57．

[25] 邢俊波，李萍，张重义，等．不同产地金银花比较分析［J］．中草药，2002，33（9）784-785．

[26] 孟祥东．金银花挥发油的提取、GC/MS鉴定及其卷烟加香应用研究［D］．郑州：河南农业大学，2010．

[27] 张玲，彭广芳，单卫华，等．山东金银花干花及鲜花挥发油成分比较研究［J］．西北药学杂志，1998，13（6）：249-250．

[28] 宋亚玲，倪付勇，赵祎武，等．金银花化学成分研究进展［J］．中草药，2014，45（24）：3656-3664．

[29] 黄丽瑛，吕植桢，李继彪，等．中药金银花化学成分的研究［J］．中草药，1996，27（11）：645-647．

[30] 姜南辉．金银花化学成分研究［J］．中药材，2015（2）：315-317．

[31] 黄雄，李松林．HPLC法同时测定金银花中的8种黄酮的含量［J］．药学学报，2005，40（3）：285-288．

[32] 陈敏，吴威巍，沈国强，等．灰毡毛忍冬化学成分研究：灰毡毛忍冬素F和G的结构测定［J］．药学学报，1994，29（8）：617-620．

[33] 冯卫生，陈欣，郑晓珂，等．金银花化学成分研究［J］．中国药学杂志，2011，46（5）：338-340．

[34] 茅青，曹东．灰毡毛忍冬化学成分的研究［J］．药学学报，1993，28（4）：273-281．

[35] 娄红祥，郎伟君，吕木坚．金银花中水溶性化合物的分离与结构确定［J］．中草药，1996，27（4）：195．

[36] 陈昌祥，王薇薇，倪伟，等．金银花花蕾中的新三萜皂苷［J］．云南植物研究，2000，22（2）：201-208．

[37] KAWAI N，KUROYANAGI M，UENO A．Iridoid glueosides from lonicera japonicathunb［J］．Chem Pharm Bull，1988，36（9）：3664-3666．

[38] CHENM. Chemical constituents of Lonicera macrathoides Part I. [J] Chin ChemLett, 1990, 1 (3): 219-221.

[39] 李会军，李萍，王闽川，等. 金银花中一个新的裂环环烯醚萜苷 [J]. 中国天然药物，2003，(3)：132-133.

[40] 吕琳琳，罗威巍，张咏梅. ICP-AES 法测定金银花、金莲花中多种微量元素 [J]. 安徽农业科学，2008，36 (27)：11796-11797.

[41] 刘嘉坤，尹传贵. 金银花研究应用新进展 [M]. 北京：人民卫生出版社，2012.

[42] 张含藻. 金银花标准化生产技术 [M]. 北京：金盾出版社，2014.

[43] 金银萍，于营. 金银花实用栽培技术 [M]. 北京：中国科学技术出版社，2017.

[44] 李伟. 金银花标准化生产与加工利用一学就会 [M]. 北京：化学工业出版社，2013.

[45] 黄喜茹，刘伟娜，曹冬. 金银花的化学成分药理作用研究评析 [J]. 中医药学刊，2005，3：418-419.

[46] 陈晨华. 四种中草药抗病毒研究 [J]. 山东中医学院学报，1993，17 (4)：46-48.

[47] 董杰德，陈晨华，仇素英，等. 四种中草药抗柯萨奇及埃柯病毒的实验研究 [J]. 山东中医学院学报，1993，17 (4)：46-48，73.

[48] 中医研究院中药研究所病毒组. 中草药对呼吸道病毒致细胞病变作用的影响 [J]. 新医药学杂志，1973 (1)：26-28.

[49] 李希贤，时常仁. 金银花等药抑菌作用的初步观察 [J]. 中华医学杂志，1995，41 (10)：952.

[50] 武晓红，田智勇，王焕. 金银花的研究新进展 [J]. 时珍国医国药，2005，16 (12)：1033-1034.

[51] 时京珍，刘耕陶. 黄褐毛忍冬总皂苷对对乙酰氨基酚所致小鼠肝脏毒性的保护作用 [J]. 药学学报，1995，30 (4)：311.

[52] 刘亚平，刘杰，贾宪生，等. 黄褐毛忍冬总皂苷对醋氨酚所致肝损伤的保护作用 [J]. 中国药理学报，1992，13 (3)：209.

[53] 赵国玲，刘佳佳. 金银花化学成分及药理研究进展 [J]. 中药材，2002，10：762-763.

[54] 黄艳英，黄敏，陆中海. 金银花炮制的实验研究 [J]. 中药材，1999，17 (1)：25.

[55] 樊宏伟，肖大伟，余黎，等. 金银花及其有机酸类化合物的体外抗血小板聚集作用 [J]. 中国医院药学杂志，2006，26 (2)：145.

[56] 黄艳英. 金银花炮制的实验研究 [J]. 中药材，1994，17 (1)：25.

[57] 黄艳英，黄敏，陆中海. 金银花炮制的实验研究 [J]. 中药材，1994，17 (1)：25-26.

[58] 郑虎占，黄泽宏，余靖. 中药现代化研究与应用：3卷 [M]. 北京：学苑出版社，1998：2938-2956.

[59] 罗中华. 药用金银花的资源分布及其他 [J]. 时珍国药研究，1995，6：119.

[60] 小川优子. 金银花抗促过敏作用 [J]. 国际中医中药杂志，2006，28（6）：363.

[61] 郑占虎，黄泽宏，佘靖. 中药现代研究与应用：3卷 [M]. 北京：学苑出版社，1998：2935-2936.

[62] 王运丽，李卫东，刘勇，等. 金银花茶饮种类及其干燥工艺 [J]. 中国现代中药，2015，17（3）：272-275.

[63] 杨子佳，祝钧. 金银花的功效成分及其在化妆品中的应用 [J]. 日用化学品科学，2013，36（11）：38-41.

[64] 程瑞，王燕. 金银花的生物学功能及其在畜牧兽医上的应用前景 [J]. 广东饲料，2013（3）：42-44.

[65] 董家田，姜卫兵，魏家星，等. 金银花的生态特性及其在园林绿化中的应用 [J]. 江苏农业科学，2012，40（8）：189-191.

[66] 李浩云，高国赋，李修义. 金银花在休闲农业创意中的应用 [J]. 中国市场，2014（51）：211-213，216.

[67] 张会敏，石俊英. 近五年金银花研究进展 [J]. 食品与药品，2006，12（8）：11-13.

[68] 隋慧颖. 金银花研究概况 [J]. 重庆教育学院学报，2007，20（6）：15-17.